農家が教える

耕さない農業

草・ミミズ・微生物が土を育てる

農文協 編

農文協

いま、不耕起栽培がおもしろい！

土を耕し、堆肥を作って田畑に入れる……。そのようなやり方は、農業ではごく当たり前のことと考えられてきたかもしれません。しかし、近年になって、その「常識」が大きく変わりつつあります。土を耕さず、草を生やしたり有機物で地面を覆ったりして裸地にしないことで土が生まれ変わり、作物が元気に育つ。そんな「耕さない農業」が、注目を集めているのです。

不耕起栽培は、日本ではこれまでも長く実践されていました。土を耕さないことに加えて、落ち葉やイナワラなどを有機物マルチとすることで、ミミズや微生物が働き、作物が元気に育つ土ができることは、これまでも知られていました。それが近年では、生きた草をカバークロップとして利用し、刈らずに押し倒して敷きワラのように利用するやり方が登場し、大規模経営や慣行栽培に取り組む農家の間でも徐々に広まるなど、新たな展開を見せています。ゲリラ豪雨や旱魃などの異常気象に強いことも知られるようになってきました。

海外でも、同じような動きが生まれています。アメリカでは、かつてダストボウルに象徴される土壌の荒廃に悩まされた歴史から、土壌保全のための不耕起栽培が行なわれてきましたが、多くの場合、除草剤や遺伝子組み換え作物の利用がセットになっていました。そのなかで、化学肥料や農薬を使わずに土の健全性を高める農法が注目されています。その先駆けとなったゲイブ・ブラウン氏の実践は、著書『土を育てる』（原題 *Dirt to Soil: One Family's Journey into Regenerative Agriculture*）とともに大きな反響を呼んでいますが、同氏の実践は、実は日本の自然農法にヒントを得たものでした。

この本では、『現代農業』の記事から、全国の農家による「耕さない農業」の実践、草を刈らずに倒す効果とやり方、技術や経営から見た「耕さない農業」の有効性、異常気象への対応力の四つの柱で構成しました。「耕さない農業」への理解を深め、実践の第一歩のために、本書をぜひご活用ください。

２０２４年10月

農山漁村文化協会　編集局

目次

＊（　）は取材対象者。
＊執筆者、取材対象者の情報は、『現代農業』掲載時のものです。

不耕起のトウモロコシ畑で団粒化した土を見せるゲイブ・ブラウンさん

世界で広がる「耕さない農業」

朝日新聞●石井 徹

耕さない農業が広がっている。耕起を減らして土を覆うと、土壌の健全性を高められることがわかってきたからだ。除草剤や遺伝子組み換え作物を使えば、これまでも耕さない農業は可能だった。この方式を採る農家も多い。だが、やり方次第で農薬を使わずに雑草を管理することは可能だという。日本の「自然農法」や「自然農」にもつながる考えだが、科学的データに基づいており、機械化や大規模化も可能なところが、これまでと違う。先駆的に取り組む米国の農家を訪ねた。

「耕さない農業」の旗手となったブラウンさん

見渡す限りの大平原が広がる。カナダと国境を接する米国中西部・ノースダコタ州。面積は全米50州で19位、人口は約80万人で47位だが、小麦やライムギ、マメ類などの生産量は全米トップクラスの農業地帯だ。ここで約２４００haの農場を経営するゲイブ・ブラウンさん（61歳）は、「耕さない農業」の旗手として知られる。

ブラウンさんは、２０１８年に通常の「耕起栽培」から「不耕起栽培」に至った経緯やその後の経験を書いた『泥から土へ、再生農業へのある家族の旅』を出版。全米でベストセラーになり、日本でも２０２２年５月、『土を育てる　自然をよみがえらせる土壌革命』（ＮＨＫ出版）として出版された。

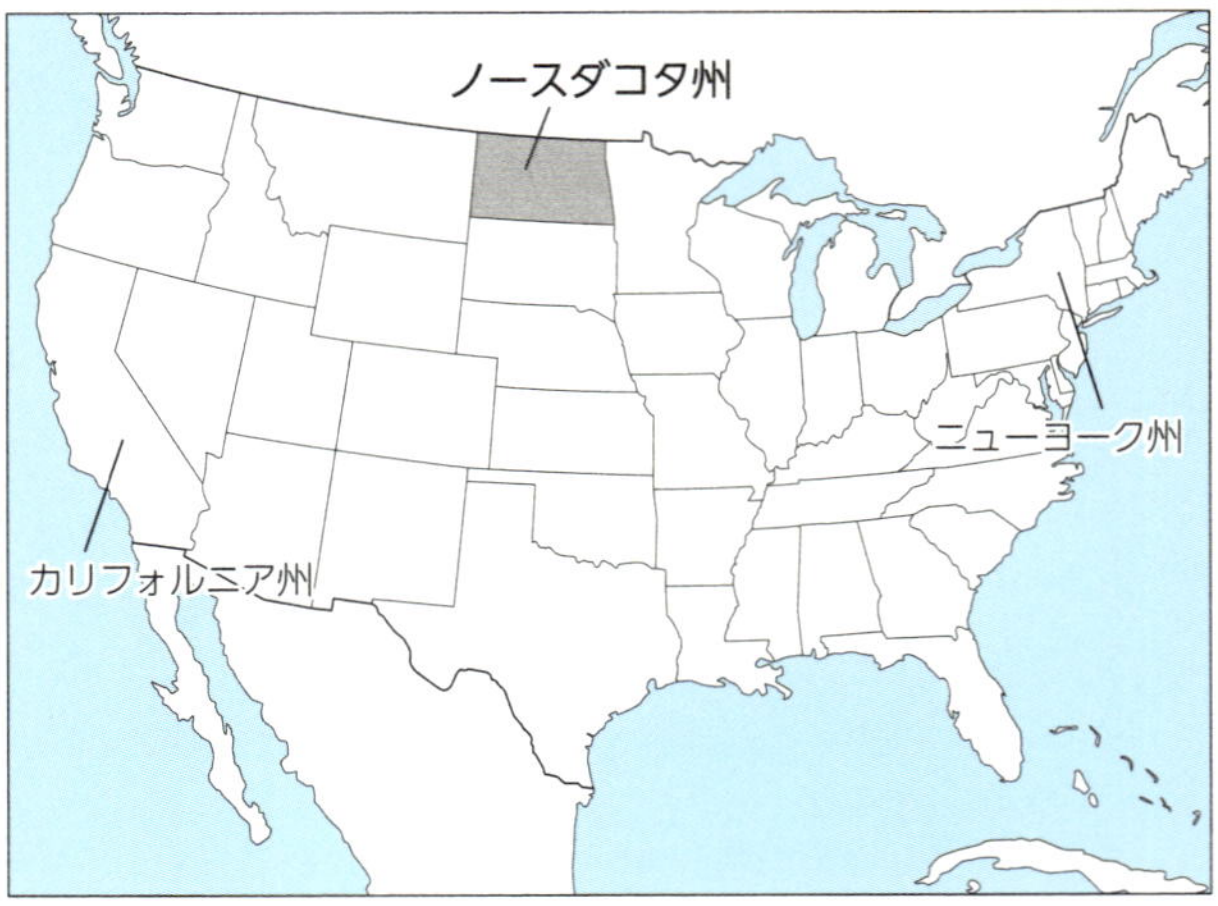

「ブラウンの環境再生型農場」という看板が掲げられた農場には国内外から見学者が絶えず、講演で全米を飛び回っている。

ブラウンさんが掲げる「土の健康の６原則」は以下の通りだ。

1．土をかき乱さない（不耕起栽培）
2．土を覆う
（カバークロップ＝被覆作物）
3．多様性を高める
（数十種の作物を一緒に育てる）
4．土のなかに「生きた根」を保つ
（多年生を含めて年間を通じて植物を育てる）
5．動物を組み込む
（畜産や野生動物の棲み処にする）
6．背景の原則
（自然条件や経済状況に合わせる）

「重要なのは、農業のやり方が自然環境に沿ったものかどうかです。自然と闘うのではなく、共に働こうと思ったのです。耕さず、多様な被覆作物を植えることで農業に使うお金が減りました。そして土壌がよくなりました。自然をまねしていいことずくめです。いいことずくめです。自然をまねしているだけです」とブラウンさんは言う。

土には多くの水分を保持することができるようになり、ミミズなどの土壌生物が殖えた。農薬や化学肥料がいらず、農機具に使う化石燃料代も減ったので、単位面積あたりの収益は2割以上高いという。ウクライナ戦争などの影響で肥料や飼料の価格が高騰しているなか、日本の農家にとっても参考になる取り組みだ。

米国では減耕起・不耕起が半分以上!?

米国の「耕さない農業」の歴史は意外と古い。欧州から米国に入植した白人農民は西に向けて開拓を続け、耕された地表の土は直射日光で乾燥し、強風にあおられて舞い上がった。1930年代には巨大な土ぼこり（ダストボウル）が東海岸にまで届き、昼間でも電灯をつけなければならないほど暗かった。

土壌侵食によって農業が崩壊し、離農に追い込まれた農家はさらに西に向かった。このあたりの社会状況は、ジョン・スタインベックの小説『怒りの葡萄』にも描かれている。米国では、これらをきっかけに農務省（USDA）に土壌保全局（SCS、現在の天然資源保全局NRCS）が創設され、雨や風で侵食される土壌を守るために、不耕起や減耕起に対する様々な支援策が講じられている。USDAの報告書（18年）によると、不耕起が農地に占める割合は、小麦45％、大豆40％、綿花18％、トウモロコシ27％。減耕起と不耕起を合わせると、四つの作物の農地のうち半分以上をこれらが占めることになる。ただ、現状では、その多くは遺伝子組み換え作物と除草剤がセットになっていることが多いとみられる。

欧米や中国、カンボジアでも急拡大

不耕起栽培が広がっているのは米国だけではない。国連食糧農業機関（FAO）によると、過去40年間、耕起による土壌侵食などによって世界の耕作地の3分の1、約4億3000万haが失われたという。FAOは、劣化した土地を再生させ、侵食を防ぐ農業システムとして、各国に「保全農業」の導入をすすめている。保全農業には以下のような3原則がある。

「機械的な土壌攪乱を最小限に抑える」（不耕起や減耕起栽培）
「作物残渣や被覆作物」（30％以上の土地を覆う）
「タネの多様化」（3種類以上の多様な作物を組み合わせる）

FAOの統計などをもとにした研究では、保全農業は2015～16年に、世界の総農地面積の約12・5％にあたる1・8億haで実践されていると推定される。７年前より約７割増えている。導入している78カ国のうち最大面積は米国で、ブラジル、アルゼンチン、カナダ、オーストラリアなどが大きい。アジアでは普及が遅いが、中国では最近になって急拡大している。フランスなどが支援するカンボジアのバッタンバン州では、19年の約５００haから、21年に約１４００ha、22年は２０００ha超へと拡大している。緑肥を育てて倒したあとにイネを直播きする栽培方法を取り入れている農家は、肥料代が減り収量も上がっているという。

　日本は「耕さない農業」の発祥の地とも言える。福岡正信氏の「自然農法」や川口由一氏の「自然農」など、半世紀ほど前から自然に根ざした農業を提唱してきた。だが、哲学的、宗教的な側面が強調され、技術的、経営的に難しい問題もあり、あまり普及しなかった。現代の不耕起栽培は、最新技術を駆使し、経営的に戦略が練られているところが違う。

ロデール研究所のジェフ・モイヤーさん。「ローラークリンパー」（次ページ）の開発者

不耕起有機栽培に欠かせない機械が続々

　有機農業の研究で知られる米ペンシルベニア州のロデール研究所の最高経営責任者（ＣＥＯ）のジェフ・モイヤーさんは「現在の有機農業は、ドローンやロボット、赤外線センサーなどのテクノロジーを使う非常に高度な取り組みです。不耕起の場合、たとえ収穫量は減っても、それに伴う労力と経費が削減されるので、個々の農家は儲けが増えるということがよくあります」と言う。

　モイヤーさんは、不耕起有機栽培に欠かせない農業機械「ローラークリンパー」の開発者としても有名だ。トラクタの前や後ろに装着し、ローラーでライ麦などの被覆作物を押しつぶして枯らす。刈るのでなく折ることで、微生物によって分解されるまでの長い期間に雑草が生えるのを抑え、土壌生物や作物に栄養を補給できる。

　不耕起栽培では、ほかにも被覆作物を切って浅い溝を掘り、直播きできる「ドリルシーダー」、一定の高さ以上になった雑草を高圧の電気で枯らす「ウィードザッパー」などが使われる。日本国内の小さな範囲での不耕起栽培では、自動で動くロボット芝刈り機「オートモア」や、刈り払い機に装着する「アイガモン」を使って、雑草を除去する様子も目にした。創意工夫すれば不耕起有機栽培でのスマート農業化も可能だ。

炭素貯留でも不耕起が注目されている

　不耕起栽培の広がりを後押しするのが気候変動問題だ。世界の温室効果ガス排出量は、年約５２０億ｔ（CO_2換算）。このうち農業や林業が４分の１を占める。農業は重大な排出源だ。

　一方で、土壌は巨大なCO_2の「貯蔵庫」でもある。地球上の大気には約3兆ｔ、森林などの植生には約2兆ｔのCO_2がたまっているとみられているが、土壌にはその2倍以上の５・５～８・８兆ｔがあるという。不耕起や被覆作物などによって土壌の吸収力を毎年0・4%上げれば、化石燃料によるCO_2排出量を帳消しにして、大気中のCO_2濃度の上昇を止められるといわれている。

このため脱炭素を急ぐ企業などが、農地に注目している。自社の排出するCO_2を相殺するために、土壌の炭素貯留によって生まれたカーボンクレジットを利用しようというわけだ。自主的な排出量取引市場はすでに動き始めており、カーギルやゼネラルミルズ、ネスレなど食品関係の大手も参加している。不耕起などによる脱炭素に取り組む農家を、市場から生まれる資金によって支援するのはいい。だが、土壌の炭素貯留には科学的にかなりあいまいさがあり、企業のCO_2削減の抜け道にならないよう注意する必要もある。

不耕起有機栽培に欠かせない機械

ローラークリンパー

刃がついたローラーで緑肥などを押しつぶしていく機械。草を刈るのではなく、折ることがポイントで、生きた根を残すことができる

ドリルシーダー

表土が緑肥などで覆われている圃場でも使える播種機。ディスクで草を切り分けて浅い溝を掘り、播種する

ウィードザッパー

前面のポールに約15万Wの電気が流れる除草機。一定の高さ以上に育った雑草がポールに触れると、電気が流れて草を枯らすことができる

アイガモン

刈り払い機に取り付けて使う、カバーがついた2枚刃（福岡県久留米市・平城商事）。カバーがあるので作物の株元ギリギリまで除草できる

オートモア

全自動芝刈り機（ハスクバーナー製）。機械には蓄電池が積まれており、電気が減ると自ら充電場所に帰って充電する

微生物が喜ぶ、土が肥える

ローラークリンパーで倒して敷き草に

北海道長沼町●メノビレッジ長沼

レイモンドさんと明子さん夫妻が自作したローラークリンパー。刃のついたローラーが回転することで、草の茎に折り目をつけながら押し倒していく（写真提供：メノビレッジ長沼、以下も）

大量の堆肥散布、ボカシ作り

北海道長沼町で無農薬、無化学肥料による栽培を実践してきた「メノビレッジ長沼」。1995年に就農した、農場主のレイモンド・エップさん（63歳）と妻の荒谷明子さん（53歳）は、山間の水田を購入し、ムギやイネなどを作付けしている。

お世辞にも肥沃といえない粘土質の硬い土をよくしたい一心で、牛糞堆肥を大量に投入し、飼っていたニワトリの糞や米ヌカ、クズ大豆を使ってボ

レイモンドさん。経営面積は18ha。ムギ6～7ha、水稲2ha、牧草3ha、残りでカバークロップや野菜。ヒツジ40頭

カバークロップを混播する

7～12種を混播したカバークロップ。大地再生農業を支援するアメリカの種苗会社“Green Cover Seed”のウェブサイトを利用し、その種類や播種量を計算。目的（放牧用、土の物理性改善、チッソ量確保など）やアメリカ国内の郵便番号などを入力すれば、その地の日射量や雨量に従って最適な種類と量が提示される。長沼町はペンシルベニア州アレンタウンとほぼ同じ気候だそう

カシも作ってきた。多いときにはフレコン１２０袋分の自家製肥料を畑に入れ、耕してきた。

少しずつ土はよくなっていたけれど、ボカシを作ったり堆肥をまく時間と労力がものすごく、とにかく忙しい毎日。カキ殻入りの堆肥を多投したり、化学肥料を入れないことが裏目に出て、高pHによるジャガイモそうか病に悩まされたこともあった。

7～12種のカバークロップで土を覆う

転機は２０１８年、農場を訪れたフランス人の農家、ピエール・プジョさんが、彼の農場での取り組みを話してくれたこと。土は耕さない、多種多様なカバークロップを育てて、つねに地表を覆う。これらを、草食の家畜に食わせることが土をよくする近道だという。その頃、アメリカのノースダコタ州で同様のやり方で約２４００haもの農場を営むゲイブ・ブラウンさんが書いた『Dirt to Soil（泥から土へ）』（２０２２年５月にNHK出版より日本語版『土を育てる』も発刊）がベストセラーになっていた。レイモンドさんも大いに刺激を受け、「日本でもできる

はず」と、さっそく19年に不耕起の圃場にムギやカバークロップを播種できるドリルシーダーと、ヒツジ8頭を購入した。

土壌の再生には、とにかく多様性が大事。カバークロップのタネもライムギ、エンバク、ヘアリーベッチ、ソバ、ナタネ、葉ダイコン、ヒマワリなど7〜12種類播いて、草が伸びたらヒツジを放牧（現在は40頭）。といっても、電気柵で1日分の囲いを作って、翌日は移動するやり方で、草は50％以上食べさせないという。

不耕起の土地に播種するために購入したドリルシーダー（2.5m幅13条播き）

その程度なら、草はケガをしたと思って、根に糖（光合成産物による「液体炭素」）を移動させる。根が再生するとともに、その周囲にも多量の液体炭素が分泌され、根圏微生物が繁殖。団粒構造が形成される。こうして、土中に炭素が貯留されるとともに、地上部も早期に回復し、土がどんどんよくなっていく。なお、これが90％も草を食べさせてしまうと、根もほとんど死んでしまい、カバークロップの回復に時間がかかってしまうそうだ。

鉄工所でカットし、自ら溶接

春になるとカバークロップの草丈は1m以上にもなる。これを刈り取るのではなく、倒す道具も作った。『現代農業』2023年1月号の浅耕・不耕起特集でも紹介した「ローラークリンパー」だ。開発元のアメリカ・ロデール研究所のホームページから設計図をダウンロードし、鉄工所に頼んで部材をレーザーカッターで切ってもらう。その後は自ら溶接し、1週間ほどで完成。材料や加工費で約40万円（当時の価格）かかったそうだ。

ローラークリンパーは中央の筒に水を入れられる構造になっており、草の量などに応じて重さを調節する。筒についた刃が草の茎を折ってダメージを与える。水の量の目安は「茎が折れて生き残るけれど、切れない重さ」。さらに大事なのはタイミングで、6月に入ってイネ科のイタリアンライグラスなどの花粉が飛ぶ頃がよい。早すぎると再び起き上がってくるし、遅いと結実してしまう。後作で小麦を播くので、こぼれダネが野良生えするとやっかいなのだ。

「ベタッとではなく、ふわっとした状態」で倒れた草は1週間ほどで枯れ、生き草マルチの役割を終える。そのまま敷き草となって夏草の発生を抑えつつ、土壌を保湿。日陰になった土壌表面の温度は20〜25℃と微生物や土壌動物にとって最適の環境だ。順次下層から腐植層が堆積されていく。一方、これがむき出しの裸地状態だと、夏場は平気で60℃を超え、雨がダイレクトに当たって団粒構造を壊す結果となる。

昨年は一部の畑でカバークロップを倒したあとに、カボチャを植えた。1列だけクリンパーで倒し、定植位置の土を削って苗を植える。倒していない部分はしばらく風よけとなり、カボチ

カバークロップに放牧中のヒツジ。草の量などをよく観察し、1日で約50％食べられる範囲で電気柵を囲い、毎日移動していく

ローラークリンパーでカバークロップを踏んだあと。茎が折られている

根から出た糖が土をつくる

越冬後の小麦を抜いた。ひげ根に土がくっついている。根から糖（液体炭素）が盛んに分泌されて、団粒構造が形成されている証拠

ャのつるが伸びたところで倒し、マルチにする。秋にはまるまると太った極甘のカボチャがたくさんとれた。

「とにかくラクになった」

リジェネラティブ。日本語で「大地再生」とも、「環境再生型」とも呼ばれるこの農法に変え、「とにかくラクになった」という。大量の堆肥を購入して、散布する労力、ボカシを作る労力もいらなくなった。土の栄養は微生物が無料でつくってくれる。

以前は毎日やることをメモした「トゥー・ドゥー・リスト」にチェックを入れるのが日課だったレイモンドさん。いまは、頭のなかで「ノット・トゥー・ドゥー・リスト」をつくる日々。ロータリはかけなくていい、ボカシは作らなくていい、堆肥はやらなくていい……。その代わり、毎日草を見て、虫を見て、風の動きを観察するのに忙しい。「スコップは一番大事な農具」と、土を掘り、土壌の状態をチェックするのも欠かさない。

※メノビレッジ長沼の取組みは26、92ページも参照。

わずかな鶏糞施肥にもかかわらず、冬草の間から立派なミズナやカブなどの冬野菜が育っている（12月下旬撮影）

草って邪魔なの？

愛知県新城市●松澤政満さん

（文・写真　赤松富仁）

ミズナを持つ松澤さん。草で覆われて土が跳ね返らないので、きれいな野菜だと消費者からも好評

中山間地に位置する、松澤さんの農園にお邪魔しました。9月下旬に見たのは、夏草が生い茂っている園地（カキ園）に冬野菜のタネを播き、そのあとハンマーナイフモアをかけた場所です。細かく砕かれた草が厚めの絨毯のごとく地表を覆っていました。

12月下旬、冬野菜の収穫が始まっているということで、再度お邪魔すると、ダイコンやカブ、ミズナ、コカブ、ラディッシュなどなどが所狭しと育っています。周りを緑の冬草が覆っていますが、野菜を負かすほど伸びてはいません。

ところどころ草だけが生えて芝生の

夏草は枯れ、イタリアンの分解が始まるなか、ダイコンが威勢よく伸びている

ダイコンを引き抜くと土で汚れているのは下の部分だけで、大半は草のなかに埋もれるように育っていたことがわかる

9月下旬、野菜を播種したあとハンマーナイフモアで夏草を細断した

ごとくなってしまっている部分は、シカに野菜を食べられてしまったところだとか。肥料気のないところで育った野菜や自生しているイタリアンライグラスを彼らは好んで食べるのだと言います。首元をシカにひとかじりされた大きなダイコンもかなりあります。「一番おいしいところを食べているんだ」と松澤さん。園地を回ればなんとか明日の朝市で売る野菜は用意できそうですが、シカ害に頭を悩ます毎日です。

＊

モアで刈った夏草がまだうっすら地表を覆っていますが、野菜はその間から芽を伸ばし、立派に育っています。耕していないのでダイコンは土の上に伸びているし、カブは冬草の上に鎮座している格好。わずかに鶏糞をまいたところもありますが、基本、無肥料であるにもかかわらず見事な野菜の出来です。

地表が常に緑の草で覆われていることで、大雨が降っても土の跳ね返りで野菜が汚れることはありません。昨年のように異常な暑さでも、直射日光にさらされないので、地温が上昇しません。さらに、緑の草マルチは野菜が育

赤カブを引き抜くと、土の中ではなく刈り草の上に鎮座するように生えていた

つ環境の温度と湿度の調節もやってくれ、酸素も出してくれるのです。

耕起してダイズをつくっている周りの農家では、昨年の夏の暑さで実が入らなかったとあちこちで聞いた妻の妙子さんですが、うちでは例年通りちゃんと収穫できたと言っています。みなさんも畑の一角で試してみると不耕起のよさがわかるし、草は農業の敵ではないとわかるはずだと。

＊＊

松澤さん曰く、農業は「エネルギー獲得産業」。それがうまく進んでいくには、共存共生や循環というシステムのなかで、草とも共存しなくてはならないそうです。かつ、食の安全を原則にすることで、有機JAS認証などの面倒な世界も必要なくなると考えています。

作物をつくり収穫してそれを食べることで、人はエネルギーを摂取できます。しかし、大型機械でガソリンを消費しながら何回も耕していく農業では、得られるエネルギーと消費したエネルギーの収支が合いません。こんなエネルギー収支が合わない農業はやめないといけない。土づくりは、草や土壌生物に任せればいいのだと言います。

夏草やワラビが生い茂るなか、タネをバラ播きする。このあとモアをかける（9月上旬撮影）

モアで刈った夏草と6月にドラム缶クリンパー（58ページ）で押し倒して枯れたイタリアンが厚い層になっている

ウネは作らないので、播いた品種を農園の見取り図に書き込む

＊＊＊

ところで松澤さん。タネを播いてから草刈りをし、そのあと畑に入ることは？「基本、収穫までありません」。つまり、一般にいわれている農作業という仕事がないのです。結果、農業所得率は70％。経費が少なく、所得率の高い営農をやっていけるのです。

松澤さんはこうも言います。「農業は作物のほかにも様々なものを生み出します。私はこれを『外部生産』と呼んでいます。例えば、私の園地には農薬や除草剤を使っていたら生息できないような昆虫や小動物が集まり、とても豊かです。カエルなどは9種類もいますし、モエビやカニも生息しています。これも外部生産の一つです。子どもたちは休みになると家族ともども農園に遊びに来ます。月に150人ほど来る人たちとの交流も、外部生産の一つです。遊びに来ていた家族が回り回って朝市のお客になってくれます。外部生産によって生まれた経済効果です。そして、その人たちと朝市に参加しているほかの農家とかかわるきっかけにもなります」

なんとも頼もしい不耕起農業の現場を取材させていただきました。

※松澤さんの取組みは20、58ページも参照。

バケットでライムギ倒し成功！

排水よし、土壌流亡なし

福島県二本松市●武藤政仁

5月下旬、トラクタのバケット（ドッキングローダ）でライムギを押し倒した

筆者（66歳）と妻

切り花中心の経営

福島県二本松市の二本松ＩＣより東に約８㎞。平坦地の少ない中山間地域で切り花を中心に野菜や枝物を栽培しています。切り花は大型ハウス約33ａ、パイプハウス約26ａ、露地約10ａで生産。私たち夫婦と息子夫婦、パート２人で、スプレーマム、ヒマワリ、カンパニュラ、アスター、ハボタンなどを地元と東京都内の花卉市場中心に個人出荷しています。

その他の畑地１・３haで野菜を栽培。山林は２・７haで、一部には花木等の枝物を栽植し、春のサクラの開花時期にはオープンガーデン（ムトーフラワーパーク）として一般開放しております。

耕作放棄地で不耕起に挑戦

これまでまったくの慣行農法で、化学肥料や農薬を使用してきましたが、昔から自然農法や有機農法などに興味があり、いつかは挑戦したいと思っていました。

そんな折、二本松市の農業の会議に参加し、福島大学食農学類の金子信博教授と出会いました。「これからの

https://gn.nbkbooks.com
バケットでライムギを押し倒す動画が「現代農業WEB」（2023年5月号）で見られます（筆者撮影）。

5月中旬のライムギの様子。前年11月上旬に播種し、2m近くまで伸びた

農業は、環境に優しい持続可能な農業」。金子先生の話は非常におもしろく、これならできるかもと思い始めました。また、先生が農場長を務める「あだたら食農スクールファーム」にて不耕起栽培の実践農場が開設されたので、2021年の春から参加しました。

さらにこの年、地域の高齢農家から「耕作できないので農地を借りてもらえないか」との話がありました。4、5年耕作していない畑で、有機農法をするにはうってつけ。新たに約20aの圃場を借り、ライムギを使った不耕起栽培を始めることにしました。

乳熟期にバケットで倒す

やり方はまず、秋にライムギを播種し、翌年の5月下旬頃、ムギの穂が結実する前に地際から倒します。するとライムギが起き上がることもなく、生きたまま敷きワラをしたような状態になります。

畑は耕耘せずに不耕起のまま、作物を播種したり定植したりします。ライムギが土を覆っているので抑草効果があります。やがて枯れて分解され、作物の栄養となります。翌年は不耕起のまま、またライムギを播種するだけ——と、理論的にはすばらしい栽培方法です。

わが家ではライムギを21年11月上旬に播種しました。トラクタで耕耘したあとに、10aあたり8kgのライムギ（緑肥用）を、手作業でバラ播きしました。無肥料でしたが、発芽後の生育は旺盛で、翌5月上旬になると丈が2m近くにもなりました。

せっかくなので、いろいろな栽培方法を試すことにしました。

まず圃場のうち10a強で、5月下旬～6月上旬の乳熟期（実をつぶして汁が出る頃）に地上部を押し倒しました。「ローラークリンパー」（7、8ページ）という緑肥などを踏み倒す専用の機械を使うのが理想ですが、日本にはまだありません。そこで私は、トラクタのバケット（ドッキンググローダ）で同一方向に押し倒していきました。バケットを地面に下ろし、その重みで草をすりつぶしていくようなイメージです。簡単にきれいに倒すことができ、ムギが起き上がってくることもありませんでした。

倒す時期もポイントです。ムギが若いうちに倒すと起き上がってしまう恐れがあり、逆に結実を待っていると次の作付けが遅くなります。

傾斜地の底に水がたまらない

草を倒したあと、すぐにトマトやナスなどの野菜苗を定植しました。この圃場は傾斜地で、普通は下のほうに水がたまったり、土が流れてしまいます。しかし、ライムギの根穴のおかげか傾斜地の底部でも排水性がよく、湿害で根が傷むことなく順調に育ちました。また地面が草で覆われていたので、土壌流亡もありませんでした。

課題もありました。ライムギを播いたあとに鎮圧しなかったので発芽率が悪く、ライムギの密度が低い場所が出てしまいました。播種時期も少し遅かったようです。結果、5月にライムギを倒しても地面が見えるような場所は、雑草がはびこり野菜が負けてしまいました。

土が驚くほどフカフカに

残りの圃場では、5月にライムギを刈り取って地上部はハウスの敷きワラに使い、残った根部ごとトラクタで耕耘してみました。このとき、土が非常にやわらかくてフカフカなよい感じになっていることにびっくり。一作だけでもライムギの根が土中深く張ったようで、これはすごいなと驚きました。

ここはすぐにウネを立て、アスターの苗を定植。根腐れがとくに心配でしたが、排水性が改善し、傾斜地の底でもよくできました。ヒマワリのタネも、湿害なくきちんと発芽。無肥料ですが、切り花用に茎を細く硬く、花を小さめに咲かせることが理想なので、これまでより仕上がりがよくなりました。もし余分な肥料があっても、ライムギ栽培で畑をリセットできるのではと思います。

ほかに一部で、2mに伸びたライムギを丸ごとすき込み、直後にアスターを植えてみました。ところがここは生育がガクンと悪くなりました。生のまま草をすき込む場合は、やはり腐熟させる時間が必要ですね。ライムギの不耕起栽培は、草を押し倒すだけだからすぐに次の作付けができるのだと実感しました。

6月上旬、ライムギをかき分けながらトマトの苗を定植

今期は播種を早めて鎮圧

金子先生の指導では、5月末のライムギの生育量を、乾燥重量で1kg/㎡以上にすることが目標です。そのためには、極早生品種を10月中旬までに10aあたり8kg以上播き、軽く耕したり鎮圧して発芽率を上げることが大事になります。

前年の反省を踏まえ、22年は播種時期を早めて10月10日に、10aあたり12kg程度を播きました。耕しはしませんでしたが、その後、バケットを使って鎮圧。おかげで昨年よりかなりよく発芽し、23年2月現在、すでに地表全面が草で覆われています。順調に育ってライムギの密度が高くなれば、倒したあとの抑草効果も狙えます。

※武藤さんの取組みは68、100ページも参照。

第1章

「耕さない農業」を見た

草や緑肥を活かす

ウリ類を定植したいと「ドラム缶クリンパー」を転がす妻の妙子さん。転がすだけなので女性でもラクラク

草は緑のソーラーパネル

こぼれダネのイタリアンが光を受け止め、土を耕す

愛知県新城市●松澤政満さん（文・写真　赤松富仁）

松澤政満さん（76歳）

私の経営

- こぼれダネのイタリアンを毎年倒して草マルチ
- 山の斜面の畑1.4ha、水田12a、平飼養鶏250羽

ちょっと見た感じ、放棄畑

松澤さんの農園は、切り開かれた山の斜面に鎮座しています。江戸時代以前から農地として耕されてきた田畑。親がやってきた畜産や果樹栽培の後を引き継ぎ、有機農業を50年以上やってきました。

いま、「有機農業を25％に」などと巷では騒がしくなっていますが、松澤さんは批判げに見ています。松澤さんの農法は、一般的な有機農業とは一線を画した独自の世界です。

松澤さん、苦笑しながら「来園した人に『この畑はなんの畑ですか？』と聞かれるのが一番困る」といいます。お邪魔した6月は夏草が生い茂り、畑全体が緑の絨毯。そして私も「この畑は……」と聞きたくなった次第。先代が播いたというイタリアンライグラス（以下、イタリアン）が50年以上代替わりしながら膝上ほどに伸びて畑全体を覆っていて、野菜を特定できません。イタリアンは、毎年播くなんてことはせず、勝手に分布を広げているそうです。言い方は悪いが、ちょっと見た感じでは、まさに放棄畑。

緑のソーラーパネルの畑。悪くいえば放棄畑に見えてしまう。営々と50年以上このスタイルでやってきた

先代が播いた牧草用のイタリアンがいまだに世代を重ねる。土を肥やしてくれる主人公だ

耕すことは「排除の論理」

松澤さん曰く、「私の基本的な考え方は、害虫とか害菌とか害草とか、害のある生き物を排除しない。そもそも人が農業を始める前からいた生き物が圧倒的に多いのですから、そういった生き物たちといかに、共存するか。共存の農法を自分で考えていきましょう」というわけです。

そうすると、殺虫剤、殺菌剤なんてモノはいっさいダメ。相手をやっつけるという発想ではなく、免疫力の高い植物、家畜を育てる。「クスリも何もぜんぜん必要ない」という。

耕す行為は、草を排除する効率のいい方法です。でも、農業を「共存の論理」で見ると、耕すことは、意味のないことになります。耕すことでミミズなどの小動物を死滅させ、土壌の生態系がものすごく貧弱になってしまうから。畑を耕すのは、いかに草を退治するかという「排除の論理」の上に成り立った農法なんだと。「ですから私はいっさい農業の技術書などは読まないできている」といいます。

一面緑の畑を見渡し、「緑のソーラーパネルで畑は覆われている。農業はエネルギー獲得産業なんです」と松澤さん。この緑が、太陽エネルギーを蓄え、地中に根を広げていき、土を耕す。地上部は枯れて地表に有機物が年々積み重なり、土を肥やしてくれているのです。

日照りが続いても緑のソーラーパネルが土壌の乾きを防ぎ、耕耘によって破壊されていない土は毛細管現象で地下水を引き上げてくれる。一方で年々増える根穴の孔隙が水はけをよくします。

倒したイタリアンを1株抜いてもらった。この根群が土を耕し肥沃にしていく

土壌断面。地表近くは細かい根と団粒化した土の層になっていて、深いところにはフトミミズの穴が無数にある。もともとは蛇紋岩と呼ばれる石ころだらけのアルカリ土壌で、炭素量が少なくて重金属の多い、植物が育ちにくい土地だった

耕さないだけでなく、肥料もいっさい入れません。250羽ほど飼っているニワトリの糞も畑に入れない。「余計なことをすると、途端に野菜や果物の味が悪くなる」のだとか。

ドラム缶で草を倒し、夏野菜を植える

耕さず、肥料も入れない松澤さんの野菜づくりっていったいなんでしょう？ ここで登場するのが、赤錆びた空の「ドラム缶クリンパー」です。お邪魔した6月は、ちょうど冬草のイタリアンも生殖生長期の終わりに近づき、穂をたわわにつけている状態。出穂後は倒しても起き上がることはないといいます。この時期、夏野菜などの定植は、ドラム缶を転がしていきイタリアンを倒したところをかき分けて植えていきます。倒されたイタリアンはかなりの厚み（空間）を持った緑の絨毯になり、長い期間夏草を押さえてくれます。刈ってしまうと、分解も早くその隙間から夏草が元気に出てきてしまうのだといいます。

カボチャのタネを早めに播くときは、イタリアンの草むらに入り、植え穴の周りだけ足で踏み倒して直播きします。つるが伸び出す頃に、ドラム缶を転がし、つるの伸びる場所を確保してやります。つるは伸びた先々で根を下ろして肥料分を調達するので、霜が降りる頃まで収穫。1株あたり10個以上とれるそうです。

秋は草を刈ってタネに被せる

松澤さん、年に1回だけ草の地上部をハンマーナイフモアで刈ります。秋冬野菜を播くためにです。まず、イタリアンの生き草マルチのすき間から生えてきた夏草の上に、タネをばら播きます。その後にハンマーナイフモアで草を刈り、播いたタネの上に被せてしまいます。これで問題なく発芽する。

そろそろ囲いを取ってつるを伸ばさなくてはいけなくなったスイカ。株元近くのイタリアンにゴロッと1回ドラム缶クリンパーを通せば、つるを伸ばす場所のできあがり。半殺しにされたイタリアンは、長期間夏草を押さえてくれる

松澤さんの畑の作型図

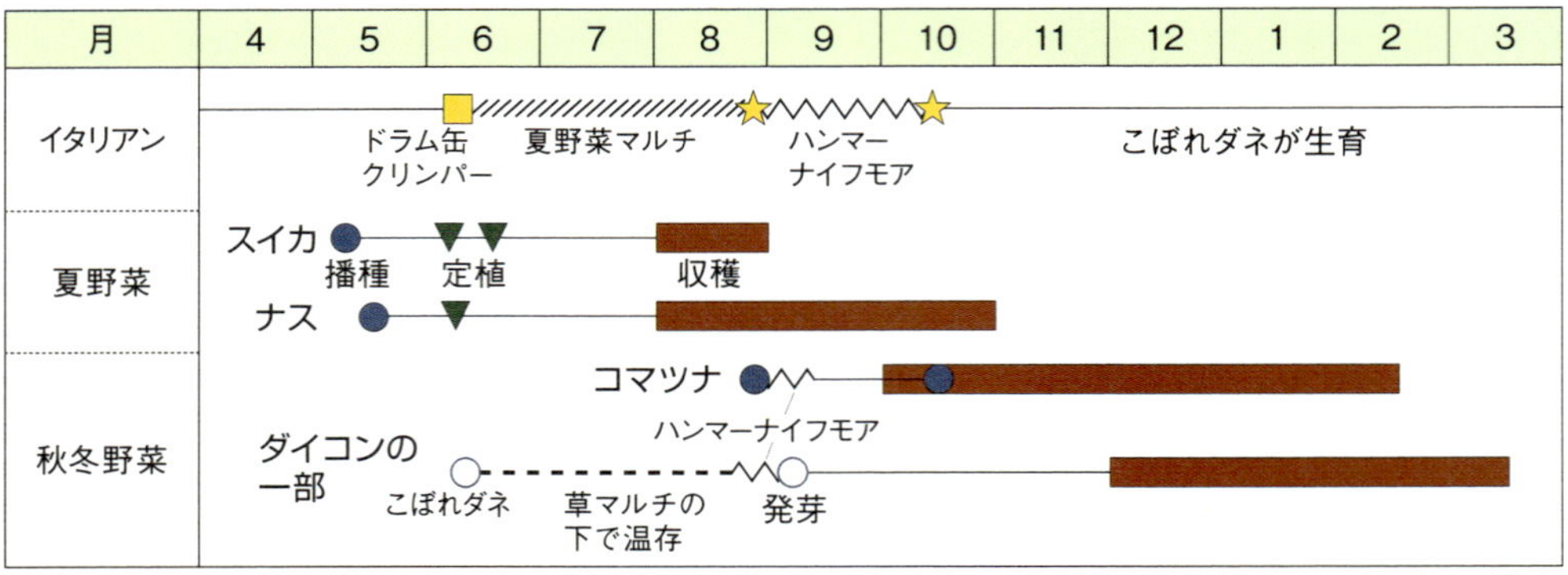

緑肥のイタリアンは毎年秋にこぼれダネから発芽し、6月にドラム缶クリンパーで倒して夏野菜のマルチにする。秋冬野菜は9月に草の上からタネを播いたあと、ハンマーナイフモアで草を叩いてタネを隠す
＊ダイコンの一部はこぼれダネや自家採種、大部分は市販（アタリヤなど）の在来種を播く

倒したイタリアンを広げて苗を植える

妙子さんが、ジャガイモの収穫をしていた。アイノアカ、メークイン、男爵などなど。ウネ立てや土寄せなどもしない。種イモを深く植え、2回ほど草を刈った程度だという

つまり、タネを土の中に埋めることをいっさいしません。耕し、ウネを立て、タネを播き、土を被せるなんてことは、松澤さんの農法にありません。

撮影時にドラム缶クリンパーをかけてくれたカキ園&野菜畑は、前作がダイコン畑でした。この冬もダイコン畑にするべく、園のあちこちにタネ用のダイコンが残してありました。タネも実り、小鳥が食べに来た形跡も見られます。こうして半分以上のタネは、小鳥がついばんで遠くに運び、うまい具合に畑全体に広げてくれるそうです。残りは地上に落ちますが、周囲の草が立ったままだと地表に落ちたタネまで鳥に食べられてしまうため、この時期（6月）にドラム缶クリンパーでイタリアンなどを倒してタネを隠します。草倒しはタネを温存する役割も果たすのです。

9月には、ハンマーナイフモアで生育中の夏草の地上部を刈ります。「ちょっと早く秋を連れてくる」ように地表に光を届けてやれば、ダイコンが問題なく育つのだとか。

百姓はデザイナー

松澤さん、自分のやってきた農業を

カキ園の下にカボチャが植わっている。つるを這わすためにクリンパーでイタリアンやヨモギ、ワラビの株を倒していく。まだまだ生長盛んなヨモギやワラビは、体重をかけてクリンパーで押さえていく

冬野菜のダイコンを収穫した畑。タネ用のダイコンをところどころ残しておいて、タネを落とさせる。タネが落ちたのを見計らってクリンパーで草を倒す。そうするとタネが小鳥に食べられず、温存される

振り返りつつこういいます。

「百姓はデザイナーなんです。自分の田畑がキャンバスなんです。そのキャンバスを自由に使って、まったくの自然ではなく、生き物と一緒に効率よく自分の求める作物の育ちを描く。どういうふうに配置すれば、ほとんど手をかけずにおいしいものが育ち、食生活を豊かにしていけるのかをデザインする。自分だけでなく、消費者も喜んでくれるような食生活をデザインできるのが、百姓なんです」

カバークロップとヒツジ放牧

大地再生農業で育てるダイズ

北海道長沼町●メノビレッジ長沼

6月9日
（2023年）

レイモンド・エップさん（63歳）。ライムギ（12kg /10a播種）のカバークロップ圃場にて（湯山繁撮影、以下Y）

ライムギの穂。出穂して花粉が出ている。クリンパーで倒すのにちょうどよいタイミング（編）

取材時の動画が、ルーラル電子図書館でご覧になれます。「編集部取材ビデオ」から。
https://lib.ruralnet.or.jp/video/

北海道で2019年から「耕さない農業」を始めた「メノビレッジ長沼」のレイモンド・エップさん、荒谷明子さん夫妻。20年以上無農薬・無化学肥料による栽培を続けてきたが、「リジェネラティブ（大地再生）農業」と出会い、ロータリで耕すことも、堆肥の投入も、ボカシ肥作りもやめた。その代わり、ライムギ、エンバク、ヘアリーベッチ、ソバ、ナタネなど7～12種類ものカバークロップで土を覆い、ヒツジを放牧するようになった。

植物は光合成で空気中の二酸化炭素を固定し、自らの体をつくる栄養源とするが、その一部は根の先から「液体炭素」として放出している。そこに様々な微生物が集まり、植物と共生しながら、土中の栄養や水をシェアする根圏がつくられ、土壌が団粒化していく。これをレイモンドさん夫妻は「無料の自然なサービス」と表現する。ところが、土を耕すと、微生物や小動物が死滅し、「このすばらしいサービスを得られなくなる」のだ。

自作「ローラークリンパー」による草倒しも、無料のサービスを享受しながら作物を育てる手段。試行錯誤しながら、現在、ダイズ作に挑戦中だ。

ローラークリンパーで草倒し

約20㎝間隔で茎が折れていた（切れると、株元の節からヒコバエが出て、こぼれダネが雑草化。ムギ栽培時にやっかい）（Y）

ローラー内に水を入れられる構造になっていて、「茎が折れるけれど、切れない重さに」調節（今回は満タンの約430ℓ）（Y）

茎を切らずに折るのが目的なので、刃先は尖っていない（Y）

私の経営

- 7～12種類のカバークロップを播いて、ヒツジ肉を生産しながら、土を育てる
- 圃場面積は18ha。ムギ4.2ha、ライムギ1ha、水稲1.3ha、牧草2～3ha、残りでカバークロップや野菜、ダイズなど。ヒツジ49頭、牛1頭
- 年間売り上げ1000～1500万円

「メノビレッジ長沼」の作型の一例（約20aの圃場）

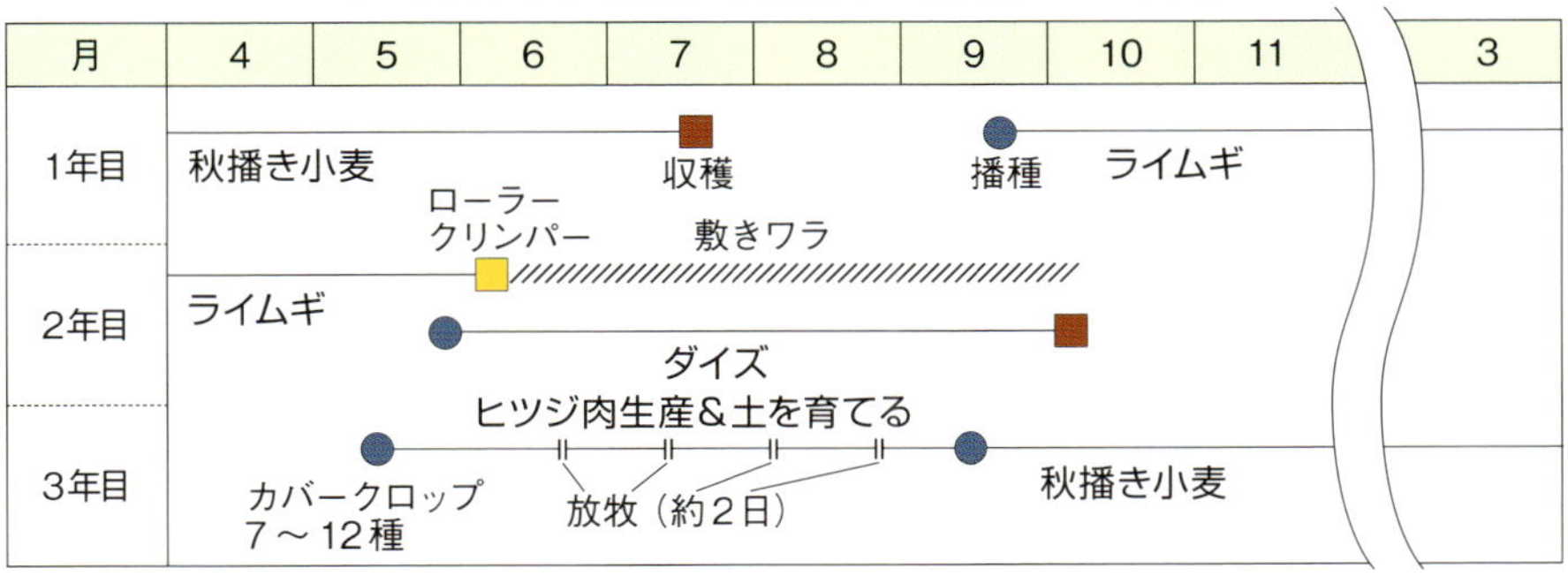

*放牧するヒツジは49頭。圃場が小さいので放牧期間が2日と短い。3、4週間で草が再生したら再放牧を繰り返す

*カバークロップや小麦の播種は、モアで草を短く刈り取り、ロータリで2㎝ほど根を削ってから不耕起ドリルで播く

押し倒したライムギの下に、ダイズの芽

ダイズの出芽とライムギの押し倒しのタイミングを合わせる

周囲の土ごとダイズを掘り出してみた。クリンパーによる損傷も見越して、ダイズの播種量は一般の3割増し（12kg /10a）。草倒し後に播種してもよいが、先行播種すれば生育期間が確保され、収量アップにつながる（Y）

クリンパーで倒されたライムギの茎をかき分けると、ダイズの双葉（矢印）が顔を出していた。じつは10日ほど前のライムギ立毛中に不耕起ドリルで先行播種してあったのだ（Y）

5月29日

ライムギ立毛中のダイズ播種のようす。不耕起播種機は幅2.5m 15条播き、重さ約2t。タンク内に活性剤が入っていて、播種直後に点滴かん水できるシステムを自作した。タネの周囲の土壌微生物を活性化させ、発根直後から根粒菌や菌根菌の共生を促すのがねらい。慣行栽培では、耕起や種子消毒、除草剤散布で、土壌微生物が大ダメージを受けるが、土を攪乱しない不耕起栽培では微生物が温存され、ダイズの初期生育を助けてくれると期待（写真提供：瀬尾義治）

バイオスティミュラント（活性剤）も自作。酢、カキ殻、糖蜜、フルボ酸資材、昆布ボカシを混ぜて曝気中（Y）

主根に大きな根粒がついた

播種して約1カ月後に、初期生育中のダイズのようすを見に行った

草倒しをした圃場にて、サンプルのダイズを掘るレイモンドさん。ダイズだけでなく、雑草もしっかり伸びていた。草倒しによる抑草は改善の余地がたくさんありそう（佐藤敏光撮影、以下S）

掘り上げたダイズの根を洗った。子葉がとれて、本葉第2葉が展開したところ（S）

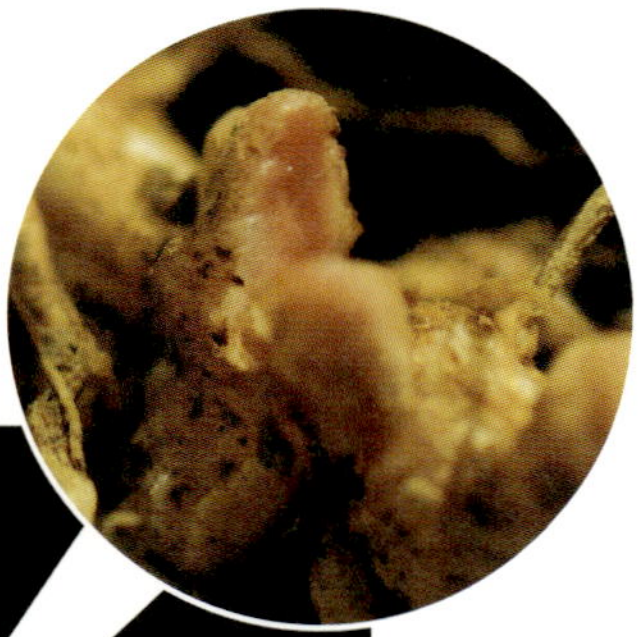

主根の根粒を切って断面を見ると、きれいなピンク色。チッソ固定活性が高い証拠だ（S）

根のアップ。根粒菌の研究者である大山卓爾先生（東京農大）にも写真を見てもらうと、「主根の根元の根粒が非常に大きい。側根にも小さい根粒がたくさんついていて、順調にスタートダッシュしている」とのこと（S）

カバークロップ圃場にヒツジを放牧

ヒツジが草を食む。草は再生時に、根から液体炭素を大量放出

オーチャードグラス、ヘアリーベッチ、クローバなどが生える圃場にヒツジを放牧

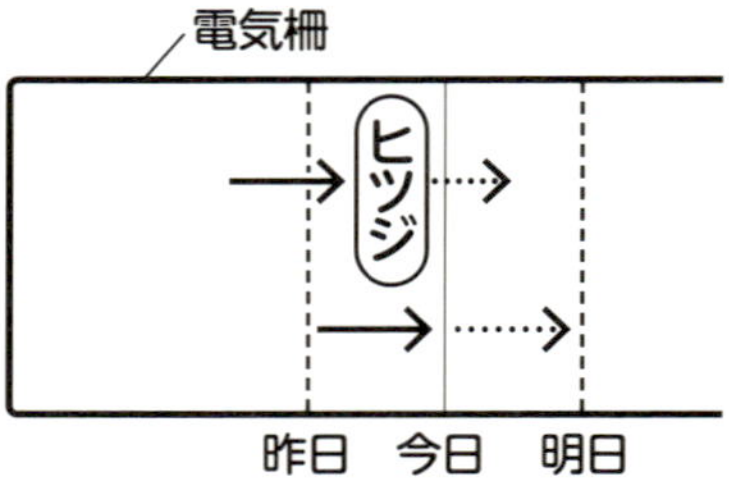

図のように毎日、1辺の電気柵を移動させると、ヒツジはつねに新しい草を食べ、ほどよく均等に糞をばら播く。小面積（現在1日約8a/49頭）で毎日移動するのが大事で、大面積に放つと好きな草だけを食べて、糞尿をする場所も偏る

放牧期間が終わった圃場。ヒツジの食欲を観察し、1日で草の50%程度を食べられる範囲で電気柵を広げていった。3、4週間で草が再生するので、また放牧する（Y）

足元を見ると糞がまばらに落ちていた（Y）

ヒツジにかじられた牧草。草はケガをしたと思って、再生しようと根にたくさん糖（液体炭素）を移動させ、ときには光合成産物の40%もの液体炭素を根から放出するとされる。そうして菌根菌などの共生微生物を活性化し、土壌団粒の形成を促進する（Y）

農機具の主役はトラクタからバギーへ

トラクタを走らせる回数はめっぽう減った。代わってバギーが大活躍

タンクに水を補給中。バギーの重さは400kgで、水とレイモンドさんの体重を合わせても600kg未満。土壌への踏圧もかなり小さい（S）

カバークロップを播種した圃場に活性剤を散布する。バギーは約100万円でアメリカから輸入（ホンダ製）。最大積載量80ℓで、後方に75ℓタンクを装着。噴霧器（オーストラリアから輸入）は無風で片側7m噴射。一度に200m往復できて、約50aの面積を散布可能。作業速度は3km /hほどだが、タンクが空になったら圃場内を60km /hでかっ飛ばす（S）

五感をフル稼働、観察する農業へ

ロータリも、ボカシ作りも、堆肥散布もやらなくていい。
その代わり、毎日、草や家畜、虫や風の動きを注意深く観察！

「目を使って“オブザベーション（観察）”する。そして“Why（なぜ）？”と考えるのが、この農業の一番大事なポイントです。そうすれば、農業はおもしろくなる！ 楽しい農業ができる」（Y）

借りて間もない硬い圃場を掘る。土のにおいを嗅いだり、葉っぱをかじって（表紙写真）糖度を測ったりもする（Y）

土壌流亡をなんとかしたい

大規模慣行農業でミックス緑肥と省耕起から始めてみた

北海道置戸町●廣中 諭

今年の春に播いたミックス緑肥。9種類播いたが、生育の早いアブラナ科のキカラシが満開（7月7日）。結実前に上半分を細断する

ミツバチやチョウもいっぱい

ゲリラ豪雨で表土が流亡

もともと建築系の会社で働いており、2016年にUターンで親元就農しました。作付面積は約60haで種子バレイショ（ジャガイモ）、秋小麦、テンサイ（またはダイズ）、休閑緑肥の輪作を行なっています。

わが家はすべて傾斜畑で岩石が多いため、農機が石でたびたび破損することや、ゲリラ豪雨などの極端な天候でせっかく耕した表土が流亡してしまうことが毎年の悩みです。

そこで耕起作業を省力化・簡素化できないかと思いユーチューブやSNSなどで情報収集するうちに、「リジェネラティブ農業」（環境再生型、大地再生農業）に出会いました。

緑肥をすき込まずにただなぎ倒し、その上から不耕起ドリルでダイズやコーンを播種していく映像は衝撃的でしたが、それを自分の耕作体系へどう組み込めばいいのかはまったくわかりませんでした。

しかし北海道ですでにリジェネラティブ農業を実践している「メノビレッジ長沼」（8、26、92ページ）の取組みや考え方を学習会やオンラインミーティングを通じて学んでいくうちに、確立された一つの作業体系にこだわる必要はないと考えるようになりました。メノビレッジのレイモンドさんと明子さんも数年にわたり試行錯誤を繰り返し、自分たちに合ったやり方を模索しているようでした。

9種類の緑肥を混播

わが家の輪作体系を考えると、根菜

昨年9月20日、秋小麦の播種後の長雨による土壌流亡。毎年のように大量の土壌が持っていかれてしまう（流亡しなかった場所の小麦はしぶとく生育する）

5月20日、パワーハローと連結した汎用ドリルでミックス緑肥を播種

私の経営

- 60 haで畑作３品を輪作、休閑緑肥に９種類を混播
- スタブルカルチやロータリ耕をやめた

類があるため、完全な不耕起栽培はありえません。しかし、秋小麦収穫後や休閑地に毎年播いていたエンバクやヘアリーベッチを、いろいろな種類の緑肥の混播に置き換えるだけならできるかもと思い、今年の春は9種類のタネをミックスして汎用ドリルで播種してみました。ミックス緑肥の内訳はエンバク野生種、ソルガム、スーダングラス、ヘアリーベッチ、赤クローバ、キカラシ、葉ダイコン、ヒマワリ、ダイズです。

生育状況を見ると、アブラナ科のキカラシが発芽も生育も早くなりました。開花・結実も早く、そのまま放置するとこぼれダネが雑草化するので、その前にチョッパーで上半分を細断します。しかし、同時にほかの緑肥も上部を落とされ、先端に生長点があるヒマワリが再生できずに巻き添えを食らってしまいました。どんなタネをどのくらいのバランスで混ぜるか、まだまだ改善の余地がありそうです。

液体炭素の放出を促す

チョッパーで上半分を叩いたあとの緑肥は再生が早く1〜2週間で見違えるほど生育します。そこで、7月初旬から8月中旬までに4回チョッパーをかけました。単一の緑肥なら不要のムダな作業に見えますが、生育途中で半分程度刈られたり、家畜にかじられた緑肥は、復活・再生する際に根から「液体炭素」と呼ばれる光合成産物を大量に放出し、土の団粒化を促すといわれます（30ページ）。自分で確かめようもないですが、それを想像しながら作業しています。

　また、キカラシの上半分を飛ばすと、葉ダイコンやイネ科のエンバクな

緑肥を食べてくれる家畜がいないので、チョッパーを浮かせて走行し、上半分だけを細断。根から液体炭素が出るのを促す

キカラシを細断すると、あとから葉ダイコンの花が咲く。エンバクやヘアリーベッチも旺盛に生育してくる

わが家の輪作体系の一例

- 1年目　種子バレイショ→小麦（秋播き）
- ↓
- 2年目　小麦→休閑緑肥（夏播き）
- 3年目　テンサイ（またはダイズ）
- 4年目　休閑緑肥（春播き）

どが優勢になり、それも飛ばすとマメ科のヘアリーベッチ、その後はクローバと徐々に背丈の低い植物がいきいきしてきます。その移り変わりや、作業中にミツバチやチョウなどの昆虫がたくさんきていることも実感できました。

耕しすぎだった？

　耕起作業については、いままで当たり前にやってきたことが土壌にとってはやりすぎだったのかもしれないと、春のスタブルカルチによる荒起こしをやめました。整地作業は土壌に負担のかかるロータリの使用を減らし、爪の数が少なく回転軸が縦軸で耕盤層のできにくいパワーハローに置き換えました。8月初旬の現在、省耕起によって粗めに砕土された圃場にジャガイモが生育しています。例年通り収穫できるか不安と同時に期待もしています。緑肥のすき込みでも、土がこなれすぎるロータリから、ざっくりと混ぜ込むディスクハローに置き換えました。

　もちろん不耕起ではないので、秋の長雨による土壌流亡への効果は限定的ですが、こうした積み重ねで少しずつでも土の状態がよくなり、保水力や保肥力のアップにつながっていったらいいなと思います。

　僕が新しく試してみたいことを、「じゃあ今年はそれでやってみよう」と一緒に挑戦してくれる父にとても感謝しています。今後も試行錯誤を繰り返し、自分の畑に合ったベストなスタイルを見つけたいと思っています。

ミミズや微生物が活きる

ワラや落ち葉で有機物マルチ

裸の土はかわいそう

長野県南相木村●細井千重子

筆者の5aの自給菜園。もともと傾斜地だったが、幅1.8mの段々畑に改良（写真はすべて依田賢吾撮影）

多様性豊かで丁寧な暮らし

南に八ヶ岳、西に蓼科山を望む標高1000mの陽当たりのよい高台で自給菜園を始めて35年、今年80歳になります。南西に傾斜しているため、25年前に幅1・8mの段々畑にし、以後、管理機の利用をやめ、三ツ鍬で浅く耕すくらいでした。

私が目指してきたのは、足るを知る丁寧な暮らしと、生き物と一緒の多様性のある楽園で、循環と有機物マルチを大事にしてきました。人間の社会も多様な人がいて当たり前で、畑の中はアケビ、サルナシ、ナッツ、ベリーなどおいしい実のなる樹から、虫の好むブットレア、センニンソウなどの花や、ハーブ、山野草までが育ち、その合間、合間で野菜も一緒に暮らしています。おかげで多くの野鳥、トカゲ、カエル、クモ、テントウムシ、チョウ、ハチなどが訪れにぎやかです。ときにはイタズラなカラス、ヤマウサギ、タヌキ、シカも……。

畑全面を有機物マルチ

「裸地は貧になる」「ミミズのいる土は健康」との諺があります。ミミズや土の中の生き物は直射日光が嫌いです。落ち葉、ワラ、土手や畑の草、小さなせん定枝など、あらゆる有機物を作物の間に敷き、畑全面をマルチします。すると、土壌動物が分解してじょじょに土に還ってゆくので、秋まで少しずつ有機物を足していきます。ここ3年ほど雪の量が減りました。冬も裸はかわいそうなので、収穫後に生ゴミ堆肥、有機物マルチという衣服を着せてあげると、私はホッと安堵します。マルチの下はどこを掘ってもミミズ

筆者。100歳現役を目指す

がいて団粒の土になっています。そして生き物たちがフカフカの土にしてくれるので、10年くらい前からごく自然に不耕起になりました。不耕起と有機物マルチは大切な相棒です。

タネ播きは鎌でスジをつけるだけ

鎌でワラなどのマルチを幅10㎝ほどよけて、スジを3 ～ 4本入れる

タネを播いて切りワラを被せて足で踏むだけ。ダイズなどの大きなタネの場合は覆土するが、小さなタネなら土が勝手に崩れるので問題ない

ニンジンもバッチリ発芽して元気に生育

タネ播きは、鎌で幅10㎝ほど有機物をよけて、深さ2㎝くらいにスジを3～4本入れます。ここにタネを播き、切りワラをのせて足で踏みつけるだけ。とてもよく発芽します。ウネ立ていらずで本当にラクです。

有機肥料も自然農薬も使わなくなった

有機肥料としてボカシ肥や液肥を長年作ってきて、8年前には漬物床再利用の発酵肥料を思いつきました。奈良漬けやたくあん漬けの床は食べ終わったあとも微生物がいてもったいないので、冬場のヌカ床として野菜、肉、魚などを漬けて再利用します。塩分が減ったあと、米ヌカやナタネ粕、くん炭と混ぜて発酵させると、とてもよい肥料になります。ただ、3年前からそれも減らし、昨年からはほとんど無肥料です。試行錯誤中ですが、収量は変わらずよいできです（漬物床発酵肥料はいまも作っていて、畑をしている孫や近所の方にあげています）。

考えてみれば山も野も、裸地はまったくありません。落ち葉や植物で覆われ様々な生き物がいて、不耕起、無肥料で健全に育っています。不耕起も無肥料も有機物マルチも生き物の多様性も自然界にとっては当たり前なんですね。

こうしてやってきて大きく変わったことがあります。始めた頃は、古賀綱行著『自然農薬で防ぐ病気と害虫』（農文協）を参考に、あれこれ試してきましたが、ここ15年ほど本を忘れるほど使わなくなり、病害虫で困ることがなくなりました。ブドウ棚に虫取り用の梅酢入りペットボトルが吊り下げてあるくらいです。

不耕起・無肥料で100歳現役！

100歳すぎても好きな畑やニワトリの世話をしてきた母（いま107歳で元気）をずっと見てきたので、楽しい手抜きで100歳現役を目指しています。「こぼれダネ育ち」「鬼は外の野菜育て」（後述）などやってきましたが、不耕起・無肥料もその一つ、こんなラクなことはなく、100歳現役も可能かなと思っています。今年は『現代農業』4月号を参考に「置くだけ定植」もやっています。トマト、キュウリに緑色のたくましい根が出てきてビックリ、たくさん収穫できています。でも、地温確保のためこれまで特別にポリマルチをしてきたナスは、ポリマルチなしの浅植えを試したのですが、とても遅れて収量も落ちました。冬は零下20℃近くにもなる高所では難しいと感じ、来年はポリマルチなしの普通植えにしようと思います。

ここ10年くらい、村内外の子ども連れの若者たちが私の暮らしや菜園に興味をもち、学習会や見学に参加してくれ、また、孫たちが子育てしながら楽しそうに実践を始めていて、私にとって大きな希望です。若いお母さんには、「『鬼は外の野菜育て』でいいよ」といっています。2〜3種類の葉物野菜のタネを、片手で赤ちゃんを抱いたままでいいから、「鬼は外」するように播けばいい。時期を外さなければ、耕さなくても、ウネを立てなくてもちゃんと生えてきます。私も3〜4年経った古いタネを「鬼は外」で播いています。不耕起の楽しい手抜き野菜づくりは自給菜園にピッタリです。

作家の住井すゑさんの「すべてのいのちは土から創る」という言葉や、亡き父から教わった諺「土が荒れると心が荒れる」を心してきました。これからも生き物の力を借りながら、農（土）のある暮らしを楽しみ、若い人たちへのお手伝いをしていこうと思っています。

有機物マルチのメインはワラと落ち葉

ナスの株元にはワラと腐葉土がたっぷり。ナスとキュウリは前年の秋から植える場所を決めて、生ゴミ堆肥や漬物床発酵肥料をまき、落ち葉とワラを敷いておく。ナスは今年、黒マルチをやめて浅植えにしたら生育がよくない

落ち葉は秋に集め、少しヌカを混ぜて踏み込み、表面にワラでフタをして腐葉土にする。「ミミズ製造機」にもなる

指先で軽く掘ると、ミミズがうじゃうじゃ!

指先でかき分けていくと、深さ10cm程度まで軽く掘れた。表面に積んだ有機物がミミズや微生物の働きで分解され、腐植土層ができている

トウモロコシ周辺のようす。粗大有機物でしっかりマルチしている

不耕起、有機物マルチをしていると、抜いた草の根が土をがっちり摑んでくる。団粒構造ができている証拠

有機物マルチを手で軽くよけただけで、ミミズがうじゃうじゃと出てきた。ロータリをかけたら、みんな切られて死んでしまう

置くだけ定植で緑色のたくましい根

トマトは雨よけハウスと露地で「置くだけ定植」をした。順調に生育している（キュウリも成功）

株元を見ると、むき出しの根が緑化して土に潜り込んでいた

取材時に撮影した動画がルーラル電子図書館でご覧になれます。
https://lib.ruralnet.or.jp/video/

究極の「放任栽培」
90歳、耕さない農業に目覚める

岡山県岡山市● 水田充子《みつこ》さん

水田さんの畑（2023年5月31日撮影）。様々な植物がところせましと生えている。植えて育てた野菜はもちろん、自然生えした野の花も野菜の花も売れる

水田充子さん（90歳）。10aの畑で野菜や花も含めて年間約40品目を直売所で販売（写真はすべて田中康弘撮影）

「前は作業に追われて追われて、あー早く耕耘しなきゃ、あー雨が降ったから溝が切れんわ、とか悩まないかんかった。けど耕すのをやめてみたら余裕ができたの。もう作業量が全然違う！10分の1！」

水田さんは体調を崩したのを機に、10aの畑を去年から完全不耕起にしたそうだ。すると作業が格段にラクになっただけでなく、ジャガイモの収量はなんと過去最高。前は畑を管理機で耕していたが、耕さなくても土は意外にやわらかく、草はラクに引けるし水はけもいい。「いまは微生物が代わりに畑を耕してくれる」と水田さん。やることといえば、タネ播きや定植時に鍬で溝を切るだけだ。

毎日畑を見まわって、出荷できそうなものをちょこちょこ収穫していく。こぼれダネから自然に生えてきた花や野菜も大事に生かして「ただどり」。肥料代も種苗代も燃料代も節約しながら年間50万円を直売所で売り上げる。「まさに放任栽培じゃけど、これなら90歳でもまだまだできるって自信がつきました。遊びみたいに楽しくやってます」

水田さんの不耕起畑

引き抜くだけの簡単収穫

あ〜楽しいなあ、
不耕起だったらゆとりがあって、
遊びみたいなもんですよ

水田さんの相棒の鍬。いまでは溝切りも草削りもこれ1本だけ。管理機はもう不要

きたあかりの収穫。株を引き抜いただけで大きなイモがゴロゴロ。ミミズも一緒に顔を出した。微生物のがんばりで土がやわらかく、イモが地表近くにできるので、収穫もラクになった

「播かぬタネ」でただどり栽培

毎年「播かぬタネ」が自然に芽吹く。植えっぱなしのニンジンは花として出荷。なぜか同じセリ科のレースフラワー（園芸用）よりよく売れる。畑に残った花からタネが落ちて、また発芽

左は毎年植えっぱなしでウネ立てもマルチもなしの「放任野生イチゴ」。右はこの日畑を見まわりながら摘み集めたタカナ、キャベツ、芽キャベツのナバナ。これも菜の花として出荷

自然生えのヒャクニチソウとトマト

抜いた雑草などは野積みにして微生物資材と米ヌカをまぶし、ある程度分解したら土に戻す

中山間の豪雪地帯

耕さない菜園は春作業が爆早

新潟県上越市●鴫谷幸彦

わが家の不耕起自給菜園。今年の6月初旬、ご覧の通りとてもにぎやか

「のめしこき」「どうずり」は、新潟県の方言で「なまけ者」「手抜き」のこと。わが家の6aの自給用菜園は不耕起を約7年続けています。手抜きで始めた、まさに「のめしこき」が考えた「どうずり」なわけですが、これが不思議なもので、いいことが次々起こり始めたのです――。

雪解け水がなかなか引かず

わが家は上越市の山間地にあり、小さくて形が様々な田んぼで水稲、ダイズ、ナス、小麦などを栽培しています。冬は積雪が3mを超える年もあり、雪解けを待って始める春作業は4月中旬頃。ロケットスタートの春は村中が忙しく、とくに作目の多いわが家は笑っちゃうくらいのてんやわんや。そこに段取りの悪さが重なり、周囲の先輩農家にすっかり遅れをとっていました。

8年前にこの村にやってきた妻が最初にぶち当たった困難は、菜園の土質でした。水稲から転換した2年目の畑は雪解け水がなかなか引かず、ロータリで無理やり耕したために、ジャガイモ大のゴロ土ベッドができました。それを手で崩しながらの定植作業で、背中や腰を痛めてしまったのです。不耕起菜園が始まったのはこの翌年の春でした。

この時期の菜園でイチゴを摘む娘たち

ラクで早くて水はけよし！

初年から感じたメリットは、

①とにかくラクになった……粘土質の重い土を鍬で上げる必要なし。ゴロ土との格闘なし！

②成園化が早い……耕起やウネ立てを

4月中旬の集落周辺。雪解け水で圃場にはなかなか入れない（2021年、依田賢吾撮影）

すっとばして、どんどん苗が植わっていくわけですから早い早い。昨年のウネをそのまま使うので、苗の植え遅れもありません。若苗なら活着が早く、その後の生育もスムーズに滑り出します。菜園で越冬したタマネギやイチゴの横にどんどん夏野菜が植わり、ほかの家よりも半月ほど早くにぎやかな菜園になります。

③水はけが向上……以前はウネ間がいつも乾かず、雨のあとは長靴が埋まるほどズブズブの菜園でしたが、不耕起にしてから、どんなに大雨が降っても、翌日には歩けて作業ができるようになりました。

1年だけで大きく変わる

じつは、7年間のうち1回だけ全面耕起した春がありました。輪作の都合上、ウネの本数を増やすため、ロータリで耕耘したのです。するとウネ間にあのズブズブが復活。水はけの悪さが戻ってしまったのです。翌年再び不耕起に戻すと、1年目からすぐに水はけは改善しました。

ところでわが家は、別の水田を使って漬物用ナスを200～300本植えています。ある年のこと、前の年の秋にブロッコリーを作付けした田んぼをロータリで耕耘し、管理機でふわふわのウネを立てて定植したところ、ひどく寒い日が続き、ナスの苗は縮こまり、葉っぱは日に日に黒ずんできました。気候が安定してからも、回復が遅れ、ずいぶん心配させられたものです。この年の春は、同じ漬物用ナスをつくるほかの農家も生育遅れに悩まされたと聞きました。

そんななかでも、不耕起菜園の野菜たちは遅れることもなくよく育ちました。この経験から、我々夫婦の間で「ふわふわウネはダメ！　不耕起ウネは最高！」という合言葉が生まれました（以後、ナスはウネを締める、春はポリマルチで覆うなど対策）。

いまではすっかり馴染みになった、わが家の「どうずり菜園」。最近は近所の母ちゃんたちも興味あり気で、「ぶたん（耕さん）でいいすけ、いいねえ」とか「肥やしはどうしんが？」とか、話のタネになっています。

ずっとマルチをしたままで

わが家の不耕起のやり方は極めて簡単。基本的にウネ間は防草シートで覆いっぱなし。ウネは作目によります

雪解け後、すでに立っているウネを利用

4月中旬

雪解け後の4月中旬、不耕起ウネから昨年の古株を抜く娘

5月下旬

5月下旬、不耕起ウネに植え穴をあけ、トマトの若苗を定植。ポリマルチは前年のものをそのまま利用。植え穴周囲はイナワラでマルチする

6月下旬

6月下旬、タマネギを収穫。ここはシソとの間作

が、だいたい再利用のポリマルチで覆っています。

　秋作後はマルチで被覆したまま雪の下。春、植え付け直前に邪魔な古株や草だけ抜き去り、マルチを片側だけ剥がして、ボカシ肥料や発酵鶏糞を表面に施します。その後ウネを管理機で軽く耕したこともありましたが、いまはそれもやめました。

　マルチを戻したら、移植ごてで植え穴をほじくり苗を定植するだけ。直播の場合も同様で、丁寧に耕すことはしません。ポリマルチや草で覆われた不耕起ウネの表面の土はうっとりするくらい見事な団粒構造になっているため、耕す必要がないというより、もったいないのです。

　以前は輪作にサツマイモを入れていましたが、根菜類は収穫時にウネを崩してしまうため、ウネを作り直す必要があります。不耕起のよさをキープするために、今年からサツマイモは別の田んぼに植わりました。

空きスペースでガンガン間作

　自給菜園は不耕起を基本に進化（？）しています。ネギ、タマネギ、セロリ、イタリアンパセリ、丸えんぴ

耕起いらずでガンガン間作

空間活用になるだけでなく、ニンニクのニオイ成分でイチゴに病害虫が付きにくくなる

ネギは自給菜園に仮植えし本圃に移植するが、その時残った悪い苗をそのまま自家用に育てる。いい苗を抜いたスペースでレタスをベビーリーフ的につくる

つナスなどの育苗にペーパーポットを採用したことで、より若苗で定植可能になり、初期生育が加速しました。また、昨年からは植え付け時の表面施用で、肥料だけではなくモミガラくん炭をマルチ代わりにジャンジャン使い始め、さらなる土壌改良を図っています。

極めつきは間作です。耕さなくていいので、収穫やら欠株やらで少しでもスペースが空けば、すかさずほかの作目を植えられる。自然とにぎやかになります。ネギとスイートコーン、スイートコーンとレタス、イチゴとニンニク、セロリとイチゴ、オクラとシソ、トマトとバジル。相性不明なものもありますが……多様性は抜群です！

のめしこき夫婦の次なる野望（悪ノリ）は、主力たる漬物用ナスの不耕起栽培です。連作障害対策で輪作している都合から取り組んでいませんでしたが、来年、試しにやってみようと思っています。自給菜園発のどうずり技術が、わが家の経営全体に蔓延し始めました。さて、どうなることやら。

筆者（46歳）と家族。上越市の川谷集落でイネ180a、野菜30aなどを育てる。筆者は移住11年目。妻が8年前に移住してきてからは、自給菜園作業の多くを任せている（写真提供：㈱ツナギ）

時代は不耕起！

物価高騰にも異常気象にもビクともしない

東京都小笠原村●森本かおり

畑が粘土質で、ドロドロ、カチカチ

先代のあとを継いで、小笠原で本格的に専業農家を始めたのが１９９６年。当初は慣行栽培でした。先代の森本智道がやっていた通り、年に1回、１m以上伸びた雑草や幼木を湿地用ブルドーザーで掘り起こし、埋めていました。

小笠原の土壌は、雨が降ると作業機が身動きできなくなるほど粘土質。乾くとロータリが跳ね飛ぶくらいカチカチです。亜熱帯ゆえに有機物がすぐに分解して、1年に1回の補給では間に合いません。堆肥を購入すると、とんでもない経費がかかります。

畑を起こすための重機は、ブルドーザーを1台とバックホーをそれぞれ大小2台所有。もちろん、化学農薬と化学肥料も普通に使用していました。

耕すことに胸が痛む

それでも、土壌改良のために有機物を入れて、少しずつ努力してきました。村や都の作業で出る刈り草やせん定枝チップを畑に敷き詰めたのです。分解した有機物を耕耘機ですき込む作業を繰り返しました。堆肥も油粕や鶏糞とともにすき込みました。赤かった土壌が黒々としてきて、土が団粒化。

ただ、耕耘するたびに、せっかく増えたミミズがかわいそうなぐらいちぎれてしまいます。キノコの菌糸もバラバラに切断してしまい、胸が痛みます。年とともに作業がきつくなり、体力も限界！

しかし、雑草を根絶やしにしなくては、作物の生長が悪くなると思い込んでいたので、耕耘はなかなかやめられません。端から端までせっせと耕して、ウネ立てをしていました。

筆者

思いきって、全部不耕起

小笠原は10月から耕耘作業を開始し、露地野菜の農繁期が翌年の６月まで続きます。トマトやセロリ、トウモロコシ、インゲンなども冬期に露地で栽培できます。しかし、耕耘時期に雨がよく降るのです！

豪雨のあとはひどいと10日間、畑に入れません。播種や定植が大幅に遅れることも多々ありました。条件が悪いなかで、無理やり耕耘、ウネ立て、植え付けをするのは重労働で、通路に板を並べて作業したこともあります。

ある年、どうしても耕耘できず、苗が徒長してしまいました。仕方がない

不耕起栽培のセロリ

ので、ウネに穴をあけて、苗をポイッと放り込んで植え付けましたが、耕耘したウネとなんら変わらず収穫できたのです。ブロッコリーでした。それまでも収穫の終わったセロリの株間にエダマメを直播していました。タネ播きだけでなく、苗の植え付けでも、不耕起で大丈夫かも、と思うようになったのです。

さすがに全面積（30ａ）で不耕起をやる勇気はなく、徐々に広げていきました。そして2022年、思いきって、すべての畑で「耕すのをやめちゃおう」と決めました。

有機物マルチで草抑え

不耕起の場合、肥料や堆肥はすき込みません。株間や条間に配合肥料をポンと置き、その上に堆肥をのせて、刈り草や木材チップなどでマルチします。

木材チップは分解に1年かかるので大量には使えませんが、試しにたっぷり敷き詰めてみました。小笠原亜熱帯農業センターからは、病気が出るのでそういうことはしないようにと厳しく注意されました。チップから出る物質が植物を枯らすとも。木材チップは20年間使っていますが、そんなことはいっさいありません。なんの根拠があってそういうのかと聞くと、40年前の本に書いてあるとのこと。自分で実験もせず、昔の資料を信じている頭の固い研究員からは、新しい最先端の農法は生まれません。

微生物のおかげで水たまりなし

かなり前から、一部の農家が「不耕起栽培を続けると無肥料、無農薬が可能になる」と報告しています。もちろん、すべての不耕起栽培にいえることではなく、カバークロップ（被覆作物）などの計画的手法を用いる必要があります。

植物と微生物のネットワークは横に何十ｍ、深さ何ｍもの範囲から、いろいろな物質を運搬していることが明らかになってきました。様々な菌根菌と共生している植物は、光合成で獲得した炭水化物の30～40％を自分で使わずに、土壌中の微生物に放出しているという研究もあります。菌根菌は栄養をもらって、土壌を団粒化するグロマリンをつくり出します。それは耕耘しない限り、何十年も変質、分解しない炭素として、地中に留まるそうです。

休耕期に雑草を絶やすために、何度も繰り返し耕起したり、除草剤を散布したりすると、植物と微生物のネットワークが破壊され、せっかくの団粒構造が失われてしまいます。大雨や干ばつで土壌がカチカチになって、水分をスポンジのように吸い込まなくなります。私が慣行栽培で困っていた状況です。

耕す深さを浅くして、頻度を減らすと団粒化が進み、どんどん土に無数の穴があき、踏んだだけでは壊れなくなります。最近も1日に100㎜の雨が降る警報が出ましたが、ウネはもちろん、通路も水たまりなし。昔、慣行栽培をやっていたときには、考えられないことです。

肥料もよく効く

もう10年もカリとリン酸の肥料は与えていませんが、時々行なう土壌分析では、つねに一定の数値が出てきます。おそらく、微生物が不溶性物質のイオン結合を引きはがし、水溶性にして必要な植物に運搬しているものと思われます。

　チッソ肥料は、チッソ固定菌がどの程度働くか、かなり不安だったので、油粕と少量の硫安を置き肥としてスポット施用。毎年、減らしても収量が低下しないところを見ると、以前はチッソを投入することでチッソ固定菌の働きを妨害していたんじゃないかと思えてきました。

　微生物のために植物の根が必要ならば、畑から雑草を一掃しないほうがいいのです。作物を栽培する場合も1種類ではなく、混作、輪作どころか、畑中を多種類の植物だらけにするべきです。当農園ではさっそく、一年草など邪魔にならない「生えてほしい草」と、大きくなりすぎたりつるが巻きついたりして邪魔になる「生えてほしくない草」の選別にかかっています。

　最終目標は、無肥料、無農薬、不耕起です。不耕起栽培は露地が基本なので、資材は最小限。毎年、畑に炭素を閉じ込めて、大雨や干ばつなどの異常気象にビクともしない「究極の最先端」を目指しています。今後の結果が楽しみです。

セロリを定植しているところ。移植ゴテで穴を掘り、苗をポトンと落とし、土を寄せてしっかり押さえる。大雨が降った直後なのに、水たまりができていない

経費減！　補助金なんていらない

最近、国や都から出る補助金についての説明会の案内が来ました。内容はこうです。

▶化学肥料の低減に向けて取り組む農業者への肥料費の支援

▶土壌診断を実施し、肥料の一部を堆肥等で代替する農業者への補助金

▶農業資材高騰緊急対策のご案内

　どれもこれもすでに当農園がやり終えたことばかり。どの補助金もいま、必要ありません。化学肥料は削減しきっています。コロナ禍、ウクライナ危機で肥料が高騰するのは必然的だったので、万が一、必要な分は値上がり前に購入済み。12年前から、堆肥は自給。3年前から、ハウスをできる限り露地栽培に切り替えています。

　なにより、不耕起を始めて、経費がかなり減りました。収量は同じでも、燃料代や肥料代、資材代などを削減できれば、手元に残るお金は増えます。

※森本さんの取組みは74、96ページも参照。

段ボールマルチの上に堆肥でウネを盛る

耕さないノー・ディグ農法

イギリス　オックスフォード●ジョージ・ベネット

段ボールの上にウッドチップを置いている様子。通路やウネの幅に合わせた枠があると作業がラク

「ノー・ディグ農法」がヨーロッパやアメリカの家庭菜園を中心にブームになっている。不耕起の畑に段ボールマルチをし、その上に堆肥でウネを盛って苗を定植するという、なんとも奇抜な発想だ。イギリスで実践するサンディーレーンファームのジョージ・ベネットさんにメールで連絡してみたところ、日本のみなさんの役に立てばと、英語で原稿を送ってくれた。（訳・編集部）

段ボールを置いて堆肥でウネをつくるだけ

サンディーレーンファームでは年間300種類以上の有機野菜をつくっていて、数年前から不耕起栽培に取り組んでいます。

段ボールと堆肥のマルチを使った不耕起栽培「ノー・ディグ（No Dig）」は、雑草が抑えられ、小面積で収量が上がるのでヨーロッパでも人気が出ています。今回は私の農園で実践している方法を紹介します。

不耕起栽培でまず困るのは雑草。雑草が生える地表に段ボールを置き堆肥を盛ってウネをつくり、物理的に抑えるのが「ノー・ディグ」のやり方です。雑草を抜いたり土を耕したりしなくてもすぐに作物を植えられるウネができるのがいいところです。うちではより確実に雑草を抑えるために、作付け予定地に夏の間黒マルチを張り雑草を減らしています。

定植時期になったら、畑一面に段ボールを敷き、ウネにしたいところに8cm以上の厚さで完熟堆肥を置きます。通路にも8cm以上、ウッドチップを敷きます。段ボールはだいたい2〜3カ月もあれば分解されてなくなります。役割としては初期の草抑えといった感じです。

堆肥の層に植え穴をあけ、苗を定植。すると自然に作物の根が分解中の段ボールを突き抜けて、地面の層まで根を張っていきます。

除草しやすい作物もローテーションに組み込む

うちの不耕起畑は5年で1周のロー

テーションを組んでいて、作目は①フダンソウ、ホウレンソウ、②レタス、セロリ、フェンネル、③マメ、④ズッキーニ、⑤ニンニクとしています。除草が大変な葉物やハーブだけでなく、鍬で除草がしやすいマメやニンニクを交互に作付けると年々雑草を抑えやすくなります。

　マメとズッキーニの年には土づくりのために作物の株元にファセリア、クリムソンクローバ、ペルシアンクローバなどの緑肥を播きます。霜が降りれば自然に枯れますし、これも草抑えになります。雑草は悪ではないですが、抑えることで作業性や収量が上がるのも事実です。

保水性が上がり収量2倍

　私たちの畑は砂地で、夏は乾燥気味ですが、不耕起のウネにしてからかん水を減らせました。湿度が安定して雑草と競合しないので、作物がかなり早く生長することにも気付きました。特に「切ってはまた生えてくるタイプ」の作物、フダンソウやホウレンソウは、夏なら3週間に1度のペースで再生し、収穫できます。耕しているときと比べて収量は2倍以上。ニンニク、セロリ、セルリアックも不耕起と相性がいいようで、大きくていいものができます。

　ただしトラクタを走らせるのと比べれば準備に手間がかかるのと、かなりの堆肥が必要なのがデメリット。大規模で商業的に育てられるジャガイモ、タマネギ、ネギ、スイートコーン、キャベツ、カボチャといった作物を育てる畑は、うちでもトラクタで耕して栽培します。狭い面積での増収に限界があり、一定の量を確保するにはある程度の面積が必要だからです。大面積を段ボールと堆肥マルチすることを考えると、機械を使うほうが圧倒的に効率がいい。

　といっても不耕起はやっぱり効率を超えた魅力があります。土の健康や生物多様性、持続可能性などを考えると追究したいテーマです。日本のみなさん、グッドラック！

No Dig畑の断面図

段ボールは1～2カ月で分解が進み、作物は生長とともに地面まで根を伸ばす

サンディーレーンファームの店舗。自家製のパンや卵、乳製品も販売

　※原文の一部はインターネットの「現代農業WEB」でご覧いただけます。

耕作放棄地で草の上から

ノー・ディグ農法やってみた

長野県松本市●小山悠太

就農のとき、環境に配慮した農業をしたいという思いがあり、無農薬で大型農機と使い捨て資材を使わない方法を考えました。自然栽培や不耕起栽培などを検討するなかで出会ったのがノー・ディグ農法。これならポリマルチや大型農機を排除した農場ができると思いました。

借りた耕作放棄地は耕耘せずに草の上から段ボールを敷き、ウネにした

段ボールの代わりに紙マルチを使った圃場。ナスの定植後の様子

ユーチューブの動画を参考にし、「段ボール＋堆肥」「新聞紙2枚＋堆肥」「農業用紙マルチ＋堆肥」「堆肥のみ」でやってみました。

堆肥はコスト的な問題ですべて3cm程度の厚み。参考動画では10cmある堆肥層に定植していましたが、私の場合は定植時に穴底が下の土の層に届くよう、段ボールにも穴をあけて植えました。堆肥層が薄いことと、乾燥を防ぐためです。

ミニトマト、ナス、ピーマン、キュウリ、キャベツなどで試し、問題なく生育しました。

耕耘の手間がなく始めやすいのがいいところで、段ボールや紙マルチを併用するとかなりの抑草効果が見られました。スギナやカラスビシャクなど、段ボールを突破して生えてくる草もあり、そういった草は継続的な管理が必要になります。こまめな除草ができないとウネ外からほふく性の雑草が侵入してきてしまうので、通路の除草管理も必要です。今年は木材チップを敷いて通路も抑草すること、タネが落ちる前に除草することを心がけようと思います。

「耕さない農業」のいま、これから

「耕さない」農法の可能性

有機栽培へのムリのない転換も

福島大学食農学類●金子信博

世界では不耕起栽培が広がっているが……

農業では「耕す」ことが基本であるといわれているが、本当だろうか？　農地をとりまく草原や森林は誰も耕さないが、植物は生き生きと生長している。なにより、耕作放棄された農地では嫌になるくらい雑草が大きくなっているではないか。

「耕さない」農法である不耕起栽培は日本でも古くから研究され、実践例も多い。そして国連食糧農業機関（ＦＡＯ）によると、世界ではすでに12・5％の農地で不耕起栽培が行なわれているという（Kassam et al. ２０１８、ＦＡＯの根拠論文）。ところが、この論文では日本における不耕起栽培は記載されていない。

世界の不耕起栽培は「耕さない」といっても、基本的には除草剤を使って雑草を制御する農法が主流である。残念ながら後述するようにこの方法では裸地状態になりやすく、土壌の保全がうまくいかない。一方、除草剤を使わずにカバークロップ（被覆作物）をうまく使って有機栽培を行なう方法が近年開発されてきた。これはアメリカの有機農業の研究拠点であるロデール研究所のモイヤー博士（６ページ）によって開発されたもので、大型農業でも家庭菜園でもその原理は応用可能である。

はたしてこの方法が日本でも利用できるのかについて多くの関心が集まっている。そこで、著者の経験をもとに「耕さない」農法が有機栽培への転換のきっかけとなる可能性について考えてみたい。

草を敵とせず、共存するには？

農業の長い歴史は雑草との闘いに多大の労力をかけてきた。除草剤の登場で除草作業にかかる時間は激減したが、除草剤は毎年散布しなくてはならず、やがて薬剤耐性がついた雑草が登場する。すると別の除草剤を使わなくてはならなくなる。また、地面が露出することで大雨や風による土壌侵食の可能性が高まり、肥沃な表土を失うことになる。

日本の自然農の考えでは、草を敵とせず、むしろ共存することが可能であるとした。ただし、草といっても様々な種類があり、どのような草なら無理なく共存できるか、そして、どのような管理をすれば、そのような状態になるかについてはまだまだ検討の余地がある。

雑草対策として除草剤以外によく行なわれるのが耕耘や、物理的に地表を掻くことである。この方法は効果があるが、これも除草剤の場合と同じで裸地が広がり、すぐに次の雑草が繁茂し、繰り返し作業をする必要がある。農家にとって負担が大きい。除草剤を

福島でライムギを育てた畑（16、68ページも参照）（赤松富仁撮影、以下もすべて）

実をつぶしてまだ汁が出るくらいやわらかい時期（乳熟期）に押し倒す

使わない有機栽培では除草作業の負担がますます大きい。

草で草を抑え、土をよくする「保全農法」

ＦＡＯは小規模農業を行なっている農家に、保全農法の採用をすすめている。保全農法とは、①なるべく農地の地面を撹乱しないこと。不耕起や農地を必要なところだけ耕したり浅く耕したりする省耕起にする。②地面を裸にしないこと。敷きワラやカバークロップなどの草を使って、年間を通して地面が露出しないように保つ。これらが雑草抑草効果も発揮する。そして③農作物の種類を増やすこと。輪作や混作などにより1年を通して複数の作物を栽培する。この三つをすべて実行すれば、土の状態が改善され、肥料や農薬の削減が可能になるという。

土の状態の改善については世界中で盛んに研究されており、次に挙げるような様々なよい効果が確認されている。

▼物理性の改善

耕さないことでトラクタの走行回数が減るため、耕盤層ができにくくなる。さらに、排水性や保水性が高まる。

▼化学性の改善

耕さないことで、土壌有機物の分解が抑制され、土壌有機物の蓄積が促進される。土壌有機物はおおまかには農地の肥沃度の指標である。また、硝酸態チッソの溶脱が減少する。

▼生物性の改善

上記の変化を引き起こしているのは土壌生物の多様性や生息数の増加によるものである。耕すことは土壌生物にとっては予期しないストレスであり、有機栽培であっても耕すことで微生物や土壌動物の生息数を大きく減少させている。

「ライムギを使う不耕起栽培」のすすめ——慣行から有機栽培への転換がスムーズ

ＥＵやアメリカの例にならって日本でも「みどり戦略」で２０５０年までに有機栽培の面積割合を25％にすることになったが、どのようにこの目標を達成するかについては明確な方針がない。多くの慣行農家が有機栽培に転換するには、農薬や化学肥料の不使用から出発したのでは、転換初期に収穫量が激減するだろう。

筆者のグループが神戸大学と開発した小型の「ローラークリンパー」でライムギを押し倒す

ロデール研究所で開発された「ライムギを使う不耕起栽培」は、FAOが推奨する保全農法の一つであり、有機農家でなくても実行できて、農家の裁量により農薬や化学肥料を無理なく削減できる方法である。すなわち、この方法の採用によりトラクタの使用回数を減らしつつ、農薬や化学肥料を調整することで、初期に直面する収穫量の減少という壁を乗りこえて安定した栽培に移行することができる。

具体的なやり方
——ライムギ畑を踏みつけて

福島県内で実際にやってみた方法は次の通りである。

極早生品種のライムギを10月頃播種する。これまで耕耘してきたところではドリル播きの播種機でも、たんにバラ播きでもよい。鳥害が心配なら軽く表面を耕起してもよいだろう。耕作放棄地の場合は、雑草の状況が畑ごとに違うので、タネが地面に接するように発芽率を高める工夫が必要である。また、土壌水分が多いと生育不良を引き起こす。

ライムギは4月になると急速に草丈を増し、5月に開花する。やがて実が充実するが、実をつぶしてまだ汁が出るくらいやわらかい時期（乳熟期）に刈らずに押し倒す。これより早く作業をするとライムギが再び立ち上がる。あまり遅いと農作業が遅れるし、結実させるとその場で発芽するので邪魔になる。

ライムギを押し倒すには「ローラークリンパー」と呼ばれる道具を使う（26ページも参照）。これはローラーに波状に刃を取り付けてライムギを切断せずに折るためのものである。長さ1mの刃に対して115kg程度の荷重がかかるようにローラーの重さを調整する。クリンパーで一定方向に倒し、倒した方向に播種機を走らせることで、不耕起でも播種が可能である。ライムギを刈ると刈った草が車輪に絡んで邪魔をするが、倒すだけなら草は根で地面に固定されているので播種機を走らせることができる。

これまでの目安では乳熟期のライムギは1㎡あたり乾物量で1kg以上必要である。ライムギが少ないと十分に抑草できない。また、チッソ分が不足する農地ではライムギとマメ科のカバークロップを混播する必要がある。ヘアリーベッチを混播した場合、クリンパーで十分に茎を折らないと再生するので注意が必要である。

　なお、日本では不耕起畑に対応できるドリル播種機は一般的ではなく、導入する際は輸入しなくてはならない。耕起している畑から不耕起畑への転換1年目は根の量が少ないので、従来の播種機でも播種が可能な場合がある。

ライムギは 雑草の発芽抑制物質を出す

　アメリカではダイズやトウモロコシなど大型の種子で芽立ちが早い作物を、ライムギと組み合わせて栽培している。密植をして、ライムギのマルチによる抑草効果と、押し倒された初期のライムギが発する発芽抑制物質の効果で抑草し、先に作物で地面を覆うことで除草剤を使わなくても栽培ができるというアイデアである。

　穀類以外にも果菜類の栽培も可能である。問題は移植の手間であり、イタリアではすでに野菜栽培で植え溝を切る機械などの技術開発が進んでいる。

　この方法では多年生のヨモギやスギナなどは抑制できないので、耕作放棄地では多年草への対策が必要である。ただし、ライムギを敷いた上に伸びてくる多年草だけを除去すればよいので、全面的な草刈りに比べるとラクになる。

生態系の生物間相互作用を操作する技術

　さて、この記事を読んでライムギを使う不耕起栽培を実行してみても、失敗する人のほうが多いかもしれない。まだまだ未完成な技術であるが、農業には次のような技術の性質の大きな違いがある。

　農薬や化学肥料は誰が使っても同じ効果が得られる、いわばトップダウンの技術である。それに対して、ライムギを使う不耕起栽培は生態系の生物間相互作用の操作を行なう技術であり、農地ごとに土の状態や雑草の状態を見ながら農家が細かく調整する必要がある。さらに、重要な点は毎年耕す農法に比べて不耕起の農地では土壌の変化が数年かけて進行することである。明日から不耕起の畑になる、というわけではない。だが反対に不耕起の畑を耕すと、すぐに微生物も土壌動物も激減して耕起の畑になる。

　不耕起栽培だけを採用して、有機物による被覆や作物の多様化を伴わないで、やっぱり不耕起栽培はダメだと結論するケースがよくある。「耕さない」農法がなぜ土壌をよくするかを理解しないと、せっかくのアクションが無駄になる。また、日本はアメリカとは気候が違うから、簡単に技術を導入できないといわれる。確かにそうかもしれないが、アメリカにも温帯モンスーン気候があり、ライムギを使った抑草も行なわれている。原理をよく理解して、圃場に合わせてそれぞれに修正することが必要である。そのためには、地域の農家が協力して試験圃場を作り、技術の検討を行なうことが有効である。その際にデータの収集や解析には研究者を巻き込むことも必要である。

第2章

草は刈らずに倒す

図解 刈らずに倒すとなにがいい？

編集部

ふつうカバークロップは次作の播種や定植前に細断され、すき込まれる。しかし、不耕起栽培とセットで、刈らずに倒す方法がいま、注目されている。そのメリットとは？

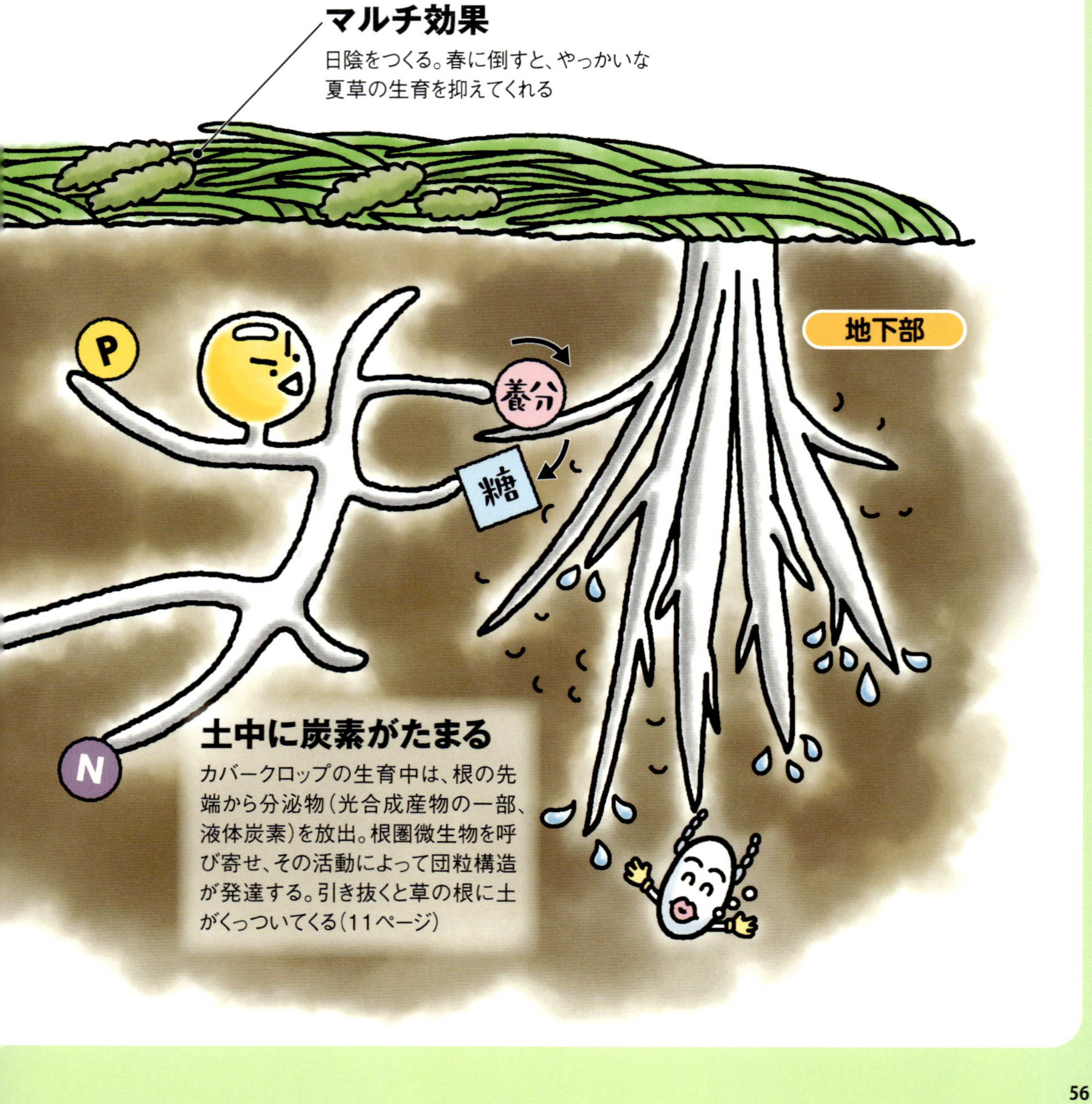

マルチ効果
日陰をつくる。春に倒すと、やっかいな夏草の生育を抑えてくれる
P
養分
糖
地下部
N
土中に炭素がたまる
カバークロップの生育中は、根の先端から分泌物（光合成産物の一部、液体炭素）を放出。根圏微生物を呼び寄せ、その活動によって団粒構造が発達する。引き抜くと草の根に土がくっついてくる（11ページ）

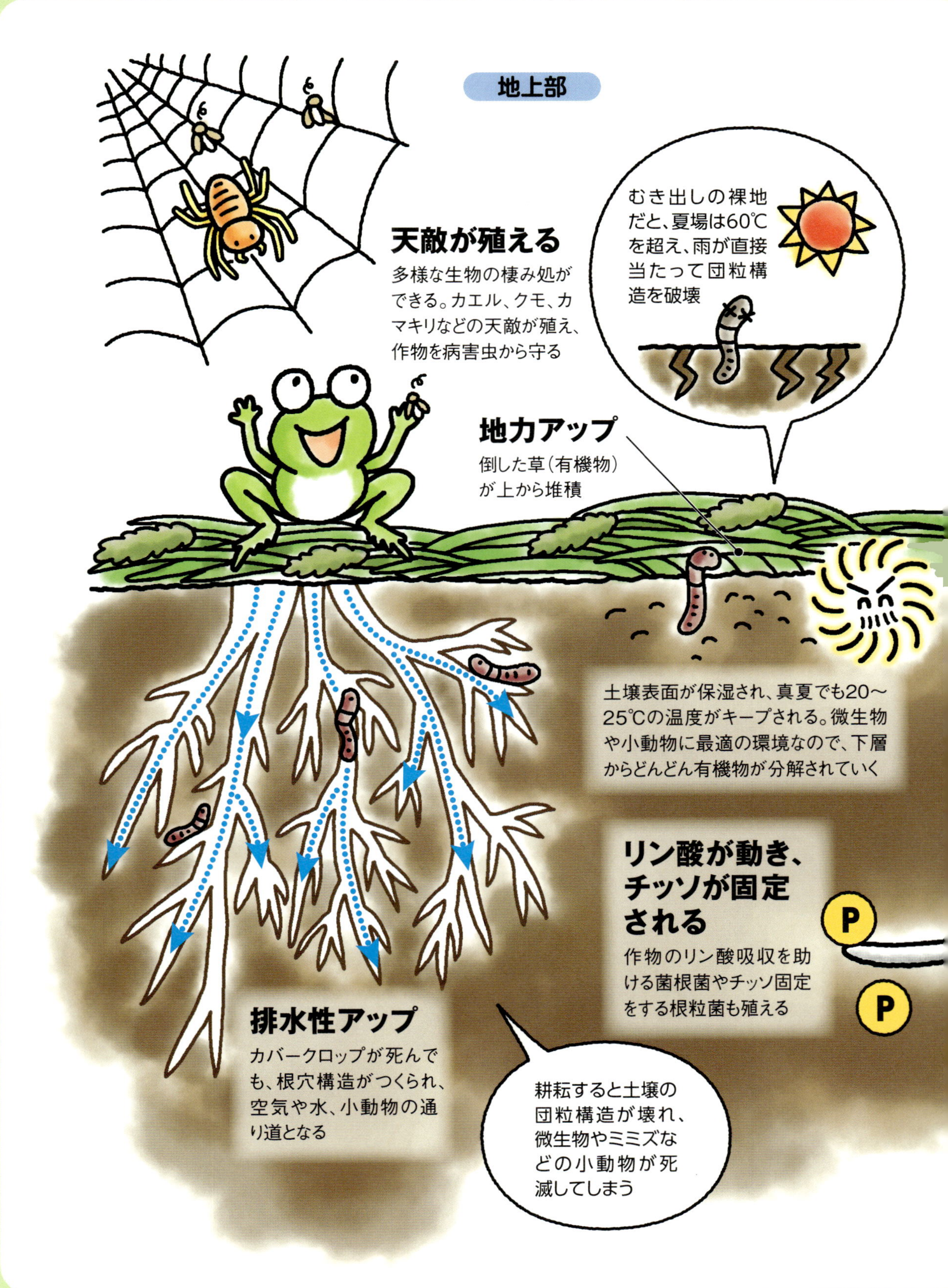
地上部
天敵が殖える
多様な生物の棲み処ができる。カエル、クモ、カマキリなどの天敵が殖え、作物を病害虫から守る
むき出しの裸地だと、夏場は60℃を超え、雨が直接当たって団粒構造を破壊
地力アップ
倒した草（有機物）が上から堆積
土壌表面が保湿され、真夏でも20〜25℃の温度がキープされる。微生物や小動物に最適の環境なので、下層からどんどん有機物が分解されていく
リン酸が動き、チッソが固定される
作物のリン酸吸収を助ける菌根菌やチッソ固定をする根粒菌も殖える
P
P
排水性アップ
カバークロップが死んでも、根穴構造がつくられ、空気や水、小動物の通り道となる
耕耘すると土壌の団粒構造が壊れ、微生物やミミズなどの小動物が死滅してしまう

ふわっと倒して、マルチ効果持続

ドラム缶クリンパー

愛知県新城市●松澤政満さん

雑草はソーラーパネル

　愛知と静岡の県境、まったく平地のない山の中の福津集落で、40年ほど不耕起草生栽培を続けている松澤政満さん。斜面の畑には、無造作に様々な果樹が植えられ、その下には雑草が生え、よく見るとその中からダイコンやらコマツナやらが気ままに生えて育っている。約1・4haの畑全面がカバークロップ&生き草マルチ。もはや、畑という概念が正しいのかも微妙な世界……。

　松澤さんによれば、雑草はソーラーパネル。浴びた太陽光をエネルギーに変え、バイオマスとして土に還り、豊かな土壌を生み出してくれる。近頃話題の「ローラークリンパー」なるものが産声を上げるもっと前、かれこれ20年以上前から松澤さんはドラム缶を利用し、草倒しを続けているそうだ。その方法を教えていただいた。

――ドラム缶による草倒しをやり始めた経緯は？

　秋冬野菜のキャベツ、ハクサイ、ネギ、ブロッコリーなどの間から、イネ科のイタリアンライグラスやカラスムギなどの秋冬の草が自然生えしてきます。野菜の収穫後もそのまま生やして、秋冬春の太陽光を活用させ、土つくりをしてもらうと、当地域では5～6月に夏野菜の播種や苗の定植ができない草丈と密度になります。生殖生長期になって穂もできているので、これを押し倒せば起き上がってこないし、播種や苗の定植が可能になるだろうと、手もとにあった空のドラム缶を活用してみました。

　空のドラム缶だと持ち運びしやすく、倒れたあとの草の層がほどよい厚みをもって好都合。大きな重みをかけてベタっと地面に張り付けると、下の層の草がすぐに腐ってしまいますが、空のドラム缶でふわっと倒せば、生きながらえて実が熟し、タネを落としてまた発芽してくれます。マルチ効果も刈り草より長続きします。野菜より草勢の強い夏草が発芽しても厚い草の層（生き草マルチ）の遮光により、生長できません。生物多様性とその総量が多くなることで、作物の病虫害も減ります。もう止められないワザです。

　ドラム缶を転がすタイミングは、雑草が生殖生長期に入った頃（出穂期）で、後作で植える野菜の列に沿った向きに倒していくと、その後の作業がやりやすい。倒した草の茎葉をかき分け、定植したり播種していきます。苗

毎年勝手に生えてきます

松澤政満さん（75歳）

イタリアンライグラスを　ドラム缶で倒してカボチャ栽培

5月初旬に一部の草を足で踏んづけ、土を軽く削ってカボチャを播種。6月初旬、つるが伸び出した頃に周囲のイタリアンをドラム缶で倒す（写真）。マルチ効果で夏草はほとんど伸びてこない。イタリアンの地上部がこれだけ旺盛だと、地下部の有機物量も相当ある

松澤さんの「福津農園」と慣行農業での持続性指標の比較

	福津農園	慣行農業
品目数	200	少品目
土壌炭素含有率（%）	4.96	2.13
大型土壌動物多様性分類群数	14	8
大型土壌動物現存量（g/㎡）	22.6	3.9
残渣の還元量（g/㎡）	200	0
農業粗収益（万円）	387.2	602.3
農業経営費（万円）	116.4	368.3
農業所得（万円）	270.8	234

＊慣行農業の経営データは、2017年農業経営費調査での露地野菜作の1経営体あたりの平均に基づく　『有機農業大全―持続可能な農の技術と思想―』澤登早苗・小松﨑将一編著（コモンズ）p304より引用

に日光が当たりやすいように、少しだけ草を削っておいてもよいでしょう。

――ドラム缶で倒すのは冬草だけですか？　夏草はどうしますか？

冬草に限ります。日本の草生地や不耕起草生栽培の畑で秋冬期に生育が旺盛となる雑草は多くありません。当地域では9月に秋冬野菜を播けば、無肥料でも雑草より優勢に育つことが多い。ゆえに、秋野菜は草を倒して抑草する必要はありません。

9月、生殖生長期に入った夏草の上から野菜のタネをバラ播きし、その直後にハンマーナイフモアで夏草を細断すれば、あとは収穫を待つだけです。夏草の草勢で土の肥沃度がわかるので、やせすぎのエリアには、作物に合わせて自家産の平飼い鶏糞を少量散布してからハンマーナイフモアがけします。

本来、植物の親株は枯れてタネの上に覆い被さり、わが子が小鳥に食べられるのを防ぐもの。秋野菜のタネを播いたら、細断された夏草に枯れた親の代役を果たしてもらいます。鳥害もなく、覆土も水やりも不要。「自然に習う農」のワザです。

秋野菜を播種して夏草マルチ

9月13日

秋野菜の播種、夏草の上からタネをバラ播きするだけ

播種したらハンマーナイフモアで夏草を粉砕。重いタネが地面に落ち、草が覆いかぶさってタネを保護

10月17日

収穫期のカキとツマミナ（雪白体菜《せっぱくたいさい》）。自然生えしたイタリアンの葉が作物の隙間から顔を出している

——不耕起草生栽培にしてよかったことを教えてください。

不耕起にして圃場を草で覆うことで、土壌の生物・物理・化学性が年々向上し、作柄がよくなり、作物の味もよくなります。販売先は週1回の朝市と十数人への宅配のみ。旬産旬消と地産地消を続けることで、需要に供給が追いつかない状況です。

茨城大学の小松﨑将一教授や福島大学の金子信博教授らによる土壌生物調査によって、不耕起草生栽培の畑での圧倒的豊かさが実証されました。炭素やチッソの収支が良好となり、生物多様性が豊かになっています。地球環境の課題を克服できる農法といえます。

農地に注がれ、作物が受容しきれない圧倒的多量の余剰太陽エネルギーを、作物と共存する下草にいかに上手に受け取らせ、農に活用できるか。百姓力の見せどころであり、やりがいを感じます。ドラム缶による草倒しは、持続可能な農業を支える大切なワザの一つです。

緑肥は切らずに倒すだけ

ローラークリンパーを自作してみた

石川県小松市●中野聖太

管理機に取り付けた自作ローラークリンパーで緑肥をなぎ倒す。ただし、タイミングが早くてまた起き上がってきた

かん水設備がなくて大変

私は就農して7年ほどになります。小さい頃から農業をしたいという気持ちがあり、大学院を修了したあとで実家の農業を手伝うようになりました。わが家では主にイネとトマトを栽培し共選出荷。いくつか空いている畑があったので、直売所に出そうと3aの圃場でトウモロコシを栽培し始めました。

問題は水やりでした。カチカチの粘土質の圃場で、雨が降ると表面はドロドロになりますが、地下まで水が浸透しません。畑にはかん水設備がないので、ハウスの水を300ℓタンクに入れて軽トラで運び、ホースで株元に手かん水していました。朝夕2回やっても、夏場の高温乾燥でしばしば葉が巻き、水分不足の症状を呈していました。この状態では実がしぼんでしまいます。それに、規模を大きくした場合に手かん水などやっていられないので、何かよい方法はないかと調べてみました。

不耕起と緑肥で貯水量増!?

そのなかで行きついたのが、不耕起と緑肥を用いる方法でした。緑肥を組み合わせることで、団粒構造の形成が促進されて土が肥沃になり、貯水量も増加するそうです。これが事実であれば使えると思い、実験的に不耕起緑肥利用の栽培を始めてみることにしました。

緑肥のタネは秋に播きます。チッソ補充の観点からマメ科のクローバーとヘアリーベッチを、また有機物補充と雑草抑制のためにイネ科のエンバクとイタリアンライグラスを混播しました。タネは手でバラ播き。春になるとイネ科緑肥が伸びてきて初夏になると花が咲き、穂をつけます。その後、「ローラークリンパー」（後述）という機械で倒していくと、緑肥が地面を覆

筆者（32歳）。両親は慣行農法でイネ3ha、トマトハウス10a。これを手伝いながら、3aの露地でトウモロコシや直売所向け野菜を栽培

私が自作したローラークリンパー

ローラーが回転して、緑肥の茎が折れ曲がるような機構を作った。フレームの上に重しを置いて走行

作り方

①15㎝径の塩ビパイプにハウスカーの交換タイヤをはめる。
②塩ビパイプに穴をあけて幅3㎝長さ30㎝のL字アングルを10㎝間隔で固定（ローラーが完成）。
③2㎝角の鉄角パイプに穴をあけてリベットでローラーを取り付ける。
④人力マルチャーがあったので、そのフレームにローラーを取り付けた。
⑤テーラー牽引ヒッチを購入し、マルチャーを管理機に接続して完成。

い、文字通り「リビングマルチ」（生きたまま被覆）になったところに、トウモロコシの苗を定植していきました。

緑肥の茎に折り目をつける

この方法は海外のユーチューブ動画を見て参考にしました。日本では緑肥は耕耘してすき込むのが一般的ですが、動画では緑肥をローラークリンパーで倒すだけ。すると根付きのまま枯れていくのです。

ローラークリンパーは、ローラーに一定の間隔で刃がついている機械です。緑肥の上を圧力をかけてなぎ倒しながら走ることで、緑肥の茎に折り目をつけます。すると茎に養水分が通らなくなり、枯れていくそうです。

ローラークリンパーで茎についた折り目

枯れたエンバクとイタリアンで覆われた不耕起土壌に定植したトウモロコシ苗

マルチの下の土はコロコロに。以前は雨降り後に長靴がドロドロになったが、いまは土がくっつかなくなった

日本にはローラークリンパーがなかったので、管理機にアタッチメントとして付ける小型のものを真似て自作してみました。作り方は前ページの通り。部品はホームセンターで揃えました。

溝を切って移植器を押し込む

4月、緑肥が大きくなり、春の植え付けに間に合わせようとローラークリンパーを走らせました。走った跡を見ると、きちんと倒れて茎にはローラークリンパーがつけた折り目も見られました。しかし、1週間ほどすると枯れるどころか起き上がってきました。まだ、穂も出ていなかったので、早すぎたようです（海外では穂が7、8割出た段階で倒す）。

緑肥が青い時期に枯らすことを断念し、穂が出終わって自然に茎が黄色く硬くなるのを待ちました。6月中旬、この状態の緑肥をローラークリンパーで走ると、枯れた緑肥のリビングマルチが思いのほかよくできました。

7月後半、リビングマルチのもとでトウモロコシの夏秋栽培を始めました。畑は不耕起にしてからまだ3年目で土は硬い状態なので、芝の根切り用のターフカッターで溝を切り、移植器を溝に押し込んで植え穴を広げて苗を落としていきました。不耕起なので元肥は入れられません。肥料は追肥で与えました。かん水時、水に尿素と塩化カリを溶かして与えるのに加え、雨前には高度化成などを株元散布するようにしました。

トウモロコシの生育はおおむね順調で、リビングマルチのおかげもあってか、1日2回のかん水は1回でよくなり、昨年までの萎びた姿もありませんでした。

＊

今回、水分貯留と雑草抑制の効果を実感しました。緑肥をすき込まないローラークリンパーの成果といえそうです。肥料が少し足らなかったようで果実は若干小さめでしたが、不耕起と緑肥を継続することで食味の向上もあるようなので、大いに期待しています。

ローラークリンパーの使いこなしは、まだまだこれからです。緑肥を思った時期に枯らすには、機械の改善はもちろん、土地環境や緑肥の選択も重要になってきます。これからも試行錯誤を繰り返し、多様な選択肢から私の栽培における最善の方法を模索していきたいと思います。

両面が板張りのパレット（40kg）でバタンバタンと倒しただけ

イタリアンライグラスをパレットでなぎ倒した直後に野菜苗を定植（6月中旬）

バッチリ抑草、地力もチャージ

パレットでイタリアンを押し倒し

千葉県君津市●陶《すえ》 武利

ガチョウによる農地再生の取り組みをしている陶と申します。現在私は、耕作放棄された農地を、「鵞鳥《がちょう》耕」のみで70a再生し、すべて不耕起有機栽培で作付けしています。メインは水稲ですが、今回は、自給用に不耕起栽培している野菜について紹介します。管理機やトラクタを使わないことが前提であることを最初にお断りしておきます。

イタリアンをワラ代わりに

私が実施している手法は、愛知県新城市の松澤政満さん（12、20、58ページ）が実施されているイタリアンライグラス（以下イタリアン）という一年生の冬牧草を主体とした草生管理栽培をアレンジしたものです。農地を2区画に分け、交互にイタリアンを播種しています（67ページ図参照）。敷きワラを利用する農業は、いわゆる日本で伝統的に行なわれてきた刈り敷き農業です。カヤ場がないなら、畑でワラ（イタリアン）を育ててみては？という発想です。

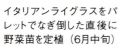

なぜイタリアンを使うか

▼チッソ固定も雑草抑制も

肥料効果を期待する緑肥用途なら、イタリアンよりもマメ科牧草のヘアリーベッチ（以下ベッチ）のほうがなじみのある方が多いかもしれません。2種を比較した山口県農林総合技術センターの研究報告によると「植物体が固定するチッソ量は10a換算でイタリアン8kg、ベッチ9kg。地上部乾物重はイタリアンが９５５kg、ベッチが３５５kg。根乾物重は、イタリアンがベッチの約７倍の８８９kgであった」とあります。つまり、両者のチッソ量はそれほど変わらないものの、イタリアンのほうが有機物の総量は大きくなります。

　すき込んで使う用途であればベッチが優れる場合もあると思いますが、なぎ倒して厚いワラマルチとして使う用途では、イタリアンのほうが好都合なのです。C／N比を気にする方もいますが、すき込まずに活用するので、チッソ飢餓の心配も不要で、すばらしい雑草抑制効果もあります。

　マメ科は根粒菌によりチッソ固定してくれるが、イタリアンはチッソを収奪するのでは？という不安に関しては、最近ではエンドファイト（植物内部に共生する微生物）由来によるチッソ固定の恩恵を受けているという例がサツマイモ、サトウキビ、ススキ等で見つかっており、根粒菌並みのチッソ固定をしている可能性が示唆されています。イタリアンがチッソ固定するエンドファイトと共生しているかどうかは不明ですが、旺盛な生育力を考えると、イタリアンにも共生していて不思議ではないと思います。

　もっとも、イタリアンが生産する大量の有機物をエサにアゾトバクターなどのチッソ固定細菌が間接的に土壌にチッソを供給している可能性もあるかもしれません。もしも、イタリアンを使い続けてチッソが収奪されたと感じたら、畜糞堆肥を散布し、いったんイタリアンに吸わせてから利用するのも、資源循環型のよい方法であると思います。

イタリアンのワラマルチの断面。地面との接点からワラの分解が進み、腐植化していくイメージ。地表に堆積したワラマルチが厚いほど、マルチは長持ちする。ワラマルチの下には無数のミミズが生息している

▼葉が多くて飼料向き

　ライムギに比べて、イタリアンは品種にもよりますが、葉が多いため、地面を覆うマルチとなり、雑草抑制効果が高いと感じています。播種も、秋雨の時期なら地表にばら播くだけなので簡単です（秋雨を逃した場合は播き溝を作って播種）。ライムギのメリットとしては、寒さに強く出穂も早いので、夏野菜を早めに植えられる点があると思います。

　私の場合は牧草をガチョウの飼料としても使うので、ライムギより再生力にも優れるイタリアンは好都合なのです。

パレットで押し倒して定植

春になるとイタリアンは旺盛に繁茂します。私はガチョウのエサとして1番草、2番草を利用しますが、エサとして使わなければ1番草を穂が出るまで栽培し、パレットで押し倒して未だ青さの残るイタリアンの間に夏野菜を植え付けます。イタリアンの穂が出る時期は、品種や地域により異なりますが、5月下旬から6月中旬です。

苗の植え付けには、ホールディガーが便利で作業性がよいです。6月中旬だと植え付け時期が遅すぎるのでは？という意見もありそうですが、最近は夏の暑さがこれまでにはない酷暑となっています。遅く植えることで、真夏を小さめの体で乗り切り、秋に収穫のピークを持ってくるように、タイムシフトして栽培する（抑制栽培）のも暑さ対策の一つでしょう。秋にとれる野菜は味が濃くておいしいというメリットもあります。

ワラの下には大量のミミズ

施肥は特にやりません。イタリアンがワラとして蓄えた栄養分からの供給が期待できるからです。もちろんワラそのままでは、チッソが無機化していないので原則植物は利用できませんが、地面と接しているワラは微生物による分解を経て、ボロボロになり目減りしていきます。その際、チッソが無機化し、常時チッソ分が供給されていく状況になります。

また微生物をたくさん含むワラは、ミミズの大好物。ワラマルチの下には、大量のミミズが集まって、巣穴を作ります。ミミズは、夜になるとワラを食べては、土に潜るというのを繰り返し、ワラ由来の腐植が土中にすき込まれ、土がどんどんふかふかになっていきます。さらに、地下部には、イタリアンの枯れた根もたくさん。これらも微生物の分解を受けることで、根の部分がスポンジ状の隙間となり、人が耕さずとも排水性の良好な土壌が形成されていくのです。

ダーウィン最後の著書『ミミズによる腐植土の形成』には次のように書かれています。「人類が登場するはるかはるか以前から、大地はミミズによってきちんと耕されてきたし、これからも耕されていく」。イタリアンのワラマルチは、ミミズに長く無料で働いてもらうための食料と棲み処を提供しているとも言い換えることができるでしょう。

地力をチャージする感覚で

イタリアンを使った輪作は、土地利用効率はよいとはいえませんが、肥料をほかから持ってくる必要もなければ、1ｔあまりのワラを運ぶ手間も要りません。必要なのは、地力を蓄えるための時間です。スマートフォンには充電する時間が必要なように、土地に有機物をチャージする時間をとってあげるという感覚も、ときには必要かと思います。

また緑肥は、すき込むとせっかくチャージされた有機態チッソの分解が加速化します。定植時の小さな苗が必要とするチッソは少ないでしょうから、流亡するチッソがもったいない。チッソは、ワラという固形物にして地表にいったん貯め、微生物やミミズの力を借りて少しずつ無機態チッソに変えて長く使わせてもらえれば無駄がありません。自然の営みに寄り添えば、大きな機械も労力もかかりませんし、マルチのビニール処理に悩むこともないのです。

カナムグラを喜んで食べるガチョウたち。畑の硬い残渣なども株ごと食べてきれいに均してくれる（依田賢吾撮影）

ガチョウを放牧して地上部を食べ尽くした畑に、イタリアンのタネをバラ播きした（10月中旬）

秋雨時期なら覆土は不要

イタリアンライグラスと野菜の作型図

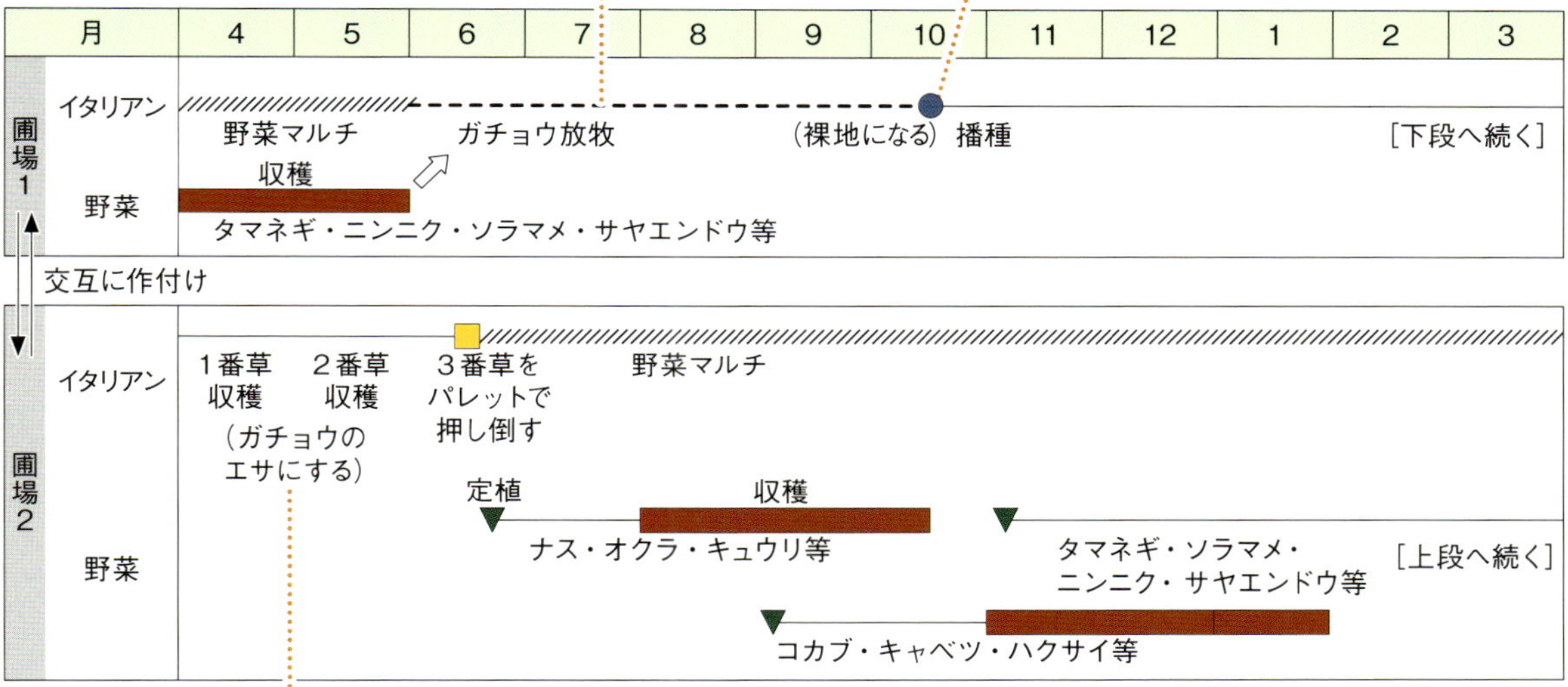

10月中旬にイタリアンを播種し、4・5月に1・2番草を収穫。6月に3番草を押し倒し、野菜を順次定植して翌年5月まで収穫。6月にガチョウを放牧し、残渣やワラなどを食べさせる。10月中旬に圃場がきれいになったところへイタリアンを播種。これを2カ所の圃場で交互に繰り返す

＊ガチョウを放牧しない場合は、6～10月に定期的な草刈りや雑草などを刈って敷くことで、野菜の栽培を継続することも可能

1番草（エサ用）の収穫前の様子（翌年4月中旬）。みごとに生え揃い、ほかの雑草は見られない。収穫しない場合は出穂後になぎ倒し、野菜苗などを植え付ける

私の経営

- ガチョウ放牧で草をリセット
- イタリアンの発芽が揃っていいワラができる
- 耕作放棄地70aで不耕起有機栽培

トラクタのバケットを地面に下ろしたまま前に移動。バケットの重みでライムギを一気に押し倒す（6月3日撮影）（赤松富仁撮影、Aも）

取材時に撮影した動画がルーラル電子図書館でご覧になれます。
https://lib.ruralnet.or.jp/video/

バケットで押し倒し
分厚いライムギマルチ、成功のポイントが見えた！

福島県二本松市●武藤政仁

マルチが薄いと草負けする

福島県二本松市の中山間地で、ハウス切り花を周年生産している専業農家です。２０２１年から耕作放棄地約20aを利用して有機農業を始めました。こちらの部門はまったくの素人です（16ページ）。

21年は耕作放棄地にライムギを11月上旬に播種し、翌年5月頃の乳熟期に踏み倒して敷きワラマルチ状態にしました。ワラはすき込まず、そのままトマトなどの野菜苗を植え付けました。結果は、途中で草に負けてしまい、野菜の出来はほぼ失敗でした。原因はライムギの発芽率が悪く、マルチの密度

ライムギがしっかり押し倒された。マルチの厚さは5㎝以上になった（A）

身長160㎝の筆者とライムギ（A）

が薄くて地表面が見える状態だったので、雑草が大量に繁茂してしまったことです。

今年は高密度のマルチに

そこで22年の秋は、ライムギの播種量を10aあたり12kgと、前年度の1・5倍にしてみました。また、播種後はトラクタで軽く鎮圧。おかげで発芽率が上がり、大量のライムギが生え揃いました。

踏み倒す作業は、今年は5月下旬から6月にかけて行ないました。私はトラクタのバケットで押し倒します。今年はそのほかに、福島大学の金子信博先生が作った「小型ローラークリンパー」（53ページ）も借りて使ってみました。

いざ踏み倒してみると、生育がよかったおかげで厚さ5㎝以上のマルチになりました。約2カ月が経過した後も、雑草抑制効果が持続しています。

厚すぎて仇になった!?

いろいろと課題も見えてきました。マルチの密度としてはバッチリでし

サツマイモを植えた畑の様子（7月5日撮影）

ライムギと野菜の作型図

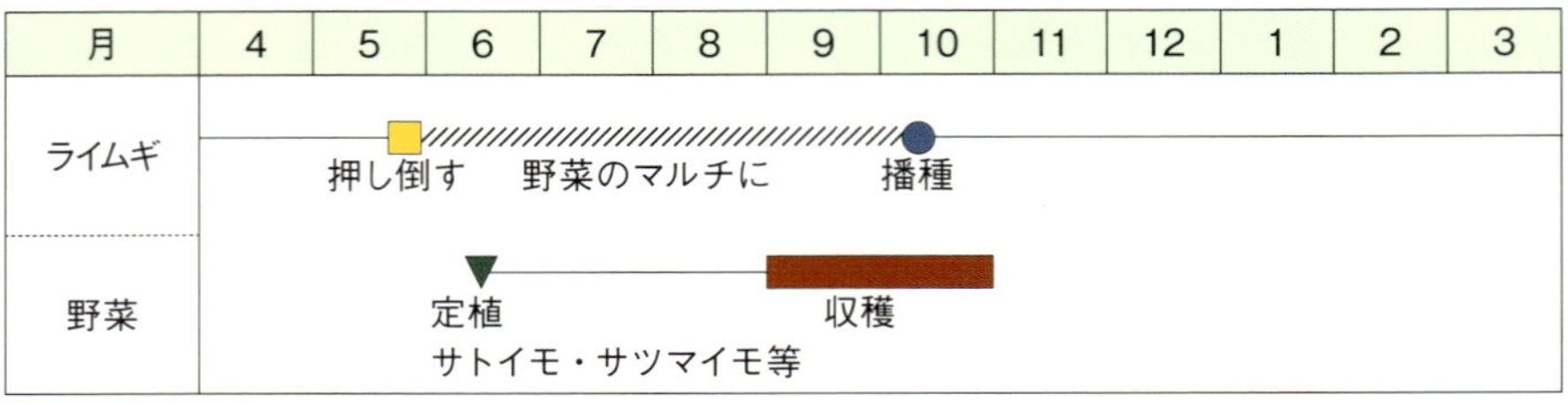

私の経営
- ライムギマルチでしっかり抑草
- 耕作放棄地20ａで不耕起有機栽培

ヒマワリのタネはハンド移植器をマルチに挿して地面に落とす（A）

たが、厚みがありすぎたことは難点でした。というのも、ここには切り花用のヒマワリを10cm間隔で播種する予定でしたが、ワラの密度がスゴすぎて手間取り、ハンド移植器を使っても作業効率が悪くなってしまいました。そこで、この圃場には植え付け本数が少なくてすむサトイモやサツマイモ等を定植して様子を見ています。いまのところ生育は順調です。

踏み倒す時期については少し遅かったようで、穂が結実してしまいました。それがこぼれダネとなり、後日発芽した場所がありました。また一部の株元から、すぐにヒコバエが出てきました。いずれも40～50cmくらい伸びたところで穂ができると枯れてしまったので、野菜への影響はなさそうです。

刈るとヒコバエが出やすい

マルチの厚さを解消しようと、部分的にワラマルチをスパイダーモア等で粉砕してみました。するとマルチの厚さが半分くらいに薄くなりました。しかしもっとワラが薄くなった場所からは、こぼれダネのライムギや雑草が生えてきてしまいました。

またワラを粉砕したところは、押し倒したままのところより、たくさんのヒコバエが出てきました。

いずれにしてもある程度の厚みがあれば雑草抑制効果があることはわかりましたが、そこに何をどう作付けるかです。厚みがあっても、植え付け作業がラクにできるような工夫や品目選びが必要かと思います。

来年度は、ライムギの播種量を8～10kg程度にしたうえで、しっかり鎮圧して発芽率をよくすること。踏み倒すのはムギの穂が結実する前に行ない、不耕起栽培に向く作物を植え付けたいと思います。

手作り草倒し器

足で踏んづけるフットクリンパー

福島大学食農学類●金子信博

もちろん１人でもできる。
小規模な圃場ならこれで十分

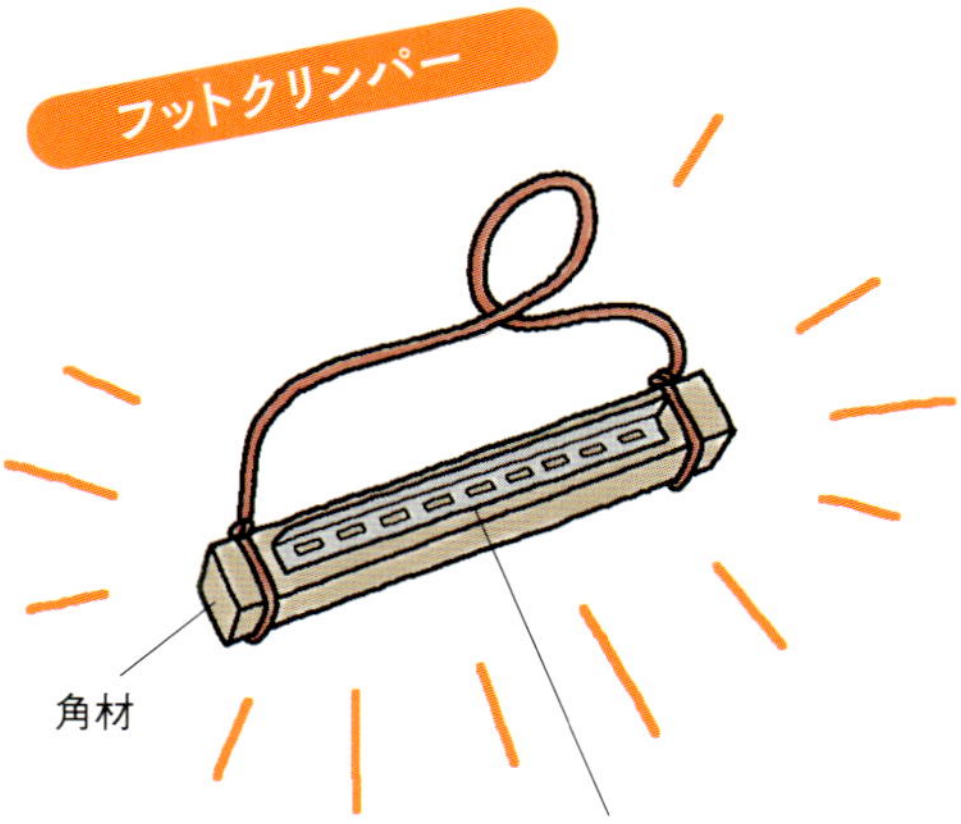

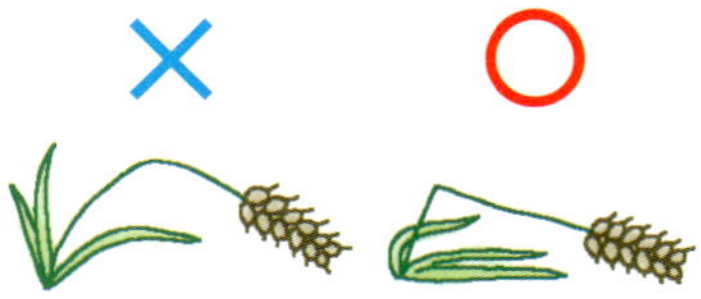

直角に折れるようにつぶす

ペアを組んで息を合わせて倒していく

ライ麦などのカバークロップで雑草を抑えつつ、有機不耕起栽培をする農法がある。アメリカのロデール研究所のモイヤー所長が開発した「ローラークリンパー」（７ページ）は、大型トラクタに取り付け、不耕起でカバークロップを押し倒すための道具である。アメリカでは、耕耘機用の小型のものも販売されている。

一方、家庭菜園や小規模の圃場では、自分の足で踏んづける自作の「フットクリンパー」でも十分である。

角材にL字のアングルを取り付け、アングルを地面側にして人が踏むことで、カバークロップを押し倒しつつ、アングルの角で植物の茎に傷をつける。

１人用なら40～50㎝幅、２人用なら80～90㎝幅にして両端にヒモをつけて強く踏みながら前進する。強く踏んで傷をつけないと、押し倒された植物はすぐに復活してしまう。

なお、不耕起の圃場でライムギを押し倒して雑草をうまく抑草するには、ライムギが１㎡で乾燥重１kgほど生育している必要がある。倒す時期は「乳熟期」であり、これより早いとライ麦が立ち上がってくる。

耕作放棄地の雑草、緑肥の細断・粉砕に

リボーンローラー

編集部

重さ5.5t、130馬力以上の大型トラクタで、時速6 〜 14㎞の高速作業が可能。作業幅は2.5mと3mのタイプがある。価格は2.5m幅タイプで184万8000円（税込）（写真提供：スガノ農機、下も）

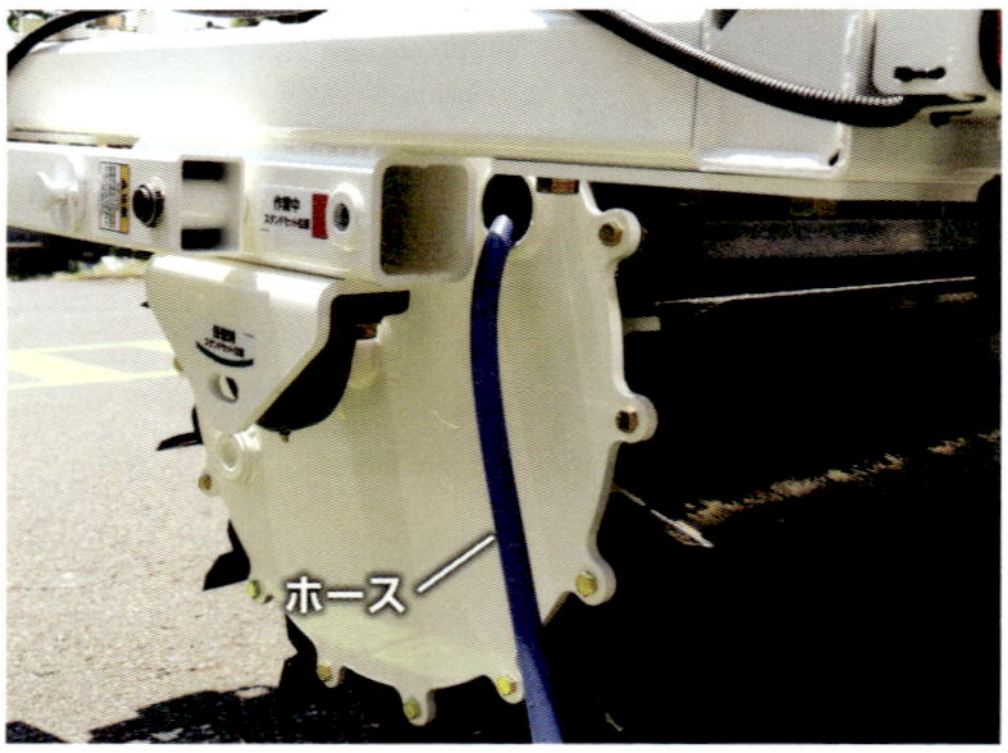

ローラー内にホースで水を入れることで、接地圧を調整できる

耕作放棄地の再生、緑肥の細断・粉砕を目的とした作業機が、スガノ農機から発売された。その名も「リボーンローラー」（復活・再生ローラー）。「ローラークリンパー」のような、ローラーに刃がついた構造。

ただし、こちらは「草を刈らずに押し倒して、マルチ効果をねらう」のではなく、「刈り込んですき込み、腐熟を促す」のが目的。トラクタの前方に取り付け、後方のプラウと組み合わせて細断・粉砕・すき込みを一度に行なうのが基本だが、草丈が低めの緑肥は単体で後方に装着することも可能だ。

ローラーに水を入れることで接地圧を加減できるのもローラークリンパーと同じ。スガノ農機によると「まだ事例がない」とのことだが、接地圧を小さくして刈らずに倒し、折り目（傷）をつけるだけに留めることも可能かもしれない。

第3章

「耕さない農業」ここが知りたい！

ホントにできるの？
気になる不耕起栽培Q&A

茨城大学●小松﨑将一さん／東京都小笠原村●森本かおりさん

いままでなんの疑いもなく、「耕すのが農業」できた人たちにとって、「耕さない農業」はホントに可能か、半信半疑。そこで、不耕起栽培を研究してきた小松﨑将一先生（茨城大学農学部）と、実践者の森本かおりさん（45、96ページ）に、作業の実際をQ＆Aで教えていただいた。

不耕起播種機。ナタ状の回転刃で播種溝を作っていく

Q 不耕起って、タネ播きや植え付けが大変じゃない？

A 穀物では機械利用も進んでいる。野菜は手作業が中心です。

はっきりいって、耕したほうが簡単です。しかし、作物別に様々な取り組みがあります。

まず、ムギ、ダイズ、トウモロコシなどではトラクタ装着型の不耕起播種機の利用も進んでいます。不耕起播種機の自重や回転刃などで播種溝を作り、効率的な播種が可能です。水稲では不耕起用の田植え機もあります。

いっぽう、野菜苗の移植はいまのところ手作業が中心です。園芸用穴掘り機などで植え穴を掘っておくと植えやすいです。不耕起を継続し、有機物が蓄積していくにつれて、土壌がやわらかくなり、播種しやすくなります。

Q 不耕起でタネを播いても、ぜんぜん発芽しないんですが……。

A 播種機の設定を確認し、覆土の量をチェック。

不耕起播種機を使った場合、種子が覆土されない場合がよくあります。覆土が十分でないと発芽しません。播種機の播種溝の設定と覆土板や鎮圧ロールの設定を慎重に行ないましょう。野菜苗を移植した場合、土が硬くて根が張らないときがあります。苗の大きさよりもやや大きく穴をあけて、穴底や苗との隙間に腐葉土などを入れ、根が伸びやすくすることが必要です。

A 土が乾きやすいのでしっかり鎮圧。水を切らさない。

大きなタネ（エンドウ、エダマメ、キュウリ、カボチャ）は、有機物マルチに播き穴の分だけ隙間をあけてタネを播き、上から土をかけて、よく押さえる。小さなタネなら細かい土を被せてよく押さえておく。不耕起では団粒構造が発達し、土壌に穴があくので表面が乾きがちになる。しっかり鎮圧して毛管現象で下からの水分が届くように、水を切らさない。有機物マルチもして、水を切らさない。

苗の植え付けも、ポットの鉢より少し大きい穴をあけてポトンと落とし、土を寄せてしっかり押さえ、たっぷり水をやることが大事。

不耕起土壌は表面が乾きやすいので、播種時には覆土の鎮圧と有機物マルチ、たっぷりの水が必要

Q 不耕起で緑肥は播けるの？どうやってすき込むの？

A 発芽力が強いので雑草や作物の立毛中に散播できる。

緑肥は、発芽力が強いので不耕起播種に向いています。不耕起播種機があれば簡単に播種でき、発芽も良好です。

散播する場合は、緑肥の種子が土に直接着地することが大切です。雑草や作物も刈り取って残渣を粉砕したあとでなく、立毛中にそのまま播けます。播種後に雑草や作物を刈り取ると緑肥種子が地面に落ちて土壌と接し、発芽できます。

生育した緑肥はすき込まず、地表面に倒してフレールモアで粉砕して土壌を被覆します。粉砕せずにローラークリンパーで根つきのまま倒す方法も注目されています。この状態でも不耕起播種機などで播種可能です。

Q 肥料はどうやるの？元肥を土に混ぜ込めないよね？

A 表面施用。機械で効率的に作業できる。

肥料は表面施用です。不耕起播種機を使う場合、機械によっては施肥・播種同時作業が可能です。緑肥の後、播種するのであれば、緑肥の立毛中に施肥し、その後フレールモアで緑肥を粉砕。地表面を肥料と緑肥のサンドイッチ状にする手もあります。

A 土にのせて、有機物マルチするだけ。ラクちんです。

土の上にのせて、上からたっぷり刈り草や木材チップで有機物マルチすれば、徐々に効いてくる。ラクちんです。少々未熟の堆肥でも、作物から離せば大丈夫。私は果樹園の中に直接生ゴミをドスンと置いています。根際から離して、根圏のはじに置けば魚のアラでも大丈夫です。ただし、ちょっと臭ってハエがたかってきますが、私の農園の場合は放し飼いのニワトリがウジムシ大好き。ニワトリが毛並みつやつや、元気になります。

ところが、魚の骨が長靴の裏に刺さったり、一輪車がパンクしたりしました。いまは魚はすべて堆肥にしてから畑にまいています。これものせるだけ。少々未熟でホカホカしていても、根際にやったり、土に混ぜ込まなければ、害はありません。自然の山林でも、大型動物が死んで腐敗したら、地上に転がったまま分解されていくだけで、植物が枯死することはあり得ません。

木材チップによる有機物マルチ（写真提供：森本かおり）

Q 雑草はどうする？除草剤も使えないし、中耕培土もできないし。

A　緑肥で圃場表面を被覆。ダイズなら狭畦密植栽培がいい。

まず、海外での慣行の不耕起栽培では、播種時にグリホサート系除草剤を利用しています。こちらは各農業試験場での成果報告があるのでご覧ください。

有機栽培による不耕起の場合は簡単ではありませんが、取り組みが進みつつあります。いま、私は茨城大学の実験農場でダイズの不耕起有機栽培に取り組んでいます。ここでは、まず、ダイズの播種前に、緑肥を粉砕した残渣で圃場表面を被覆し、雑草を抑制します。その後、狭畦《きょうけい》密植栽培（条間30㎝、株間10～20㎝）でダイズを播種し、1週間ごとにアイガモン（7ページ）などの除草機でウネ間を除草します。3回くらい除草するとダイズが圃場全面を被覆し、その後はダイズの茎葉による被陰効果で雑草が抑制されます。

A　段ボールと雑草を使って、どっさりマルチ。

草丈の短い一年草であれば、草が見えなくなるまでどっさり有機物マルチをのせてください。枯れます。多年草はこまめに抜いていくか、すごくどっさりマルチしましょう。

私の場合は、段ボール箱を使ったマルチの上に有機物マルチを上乗せ。ここ小笠原村は本土から1000㎞、行き止まりの島なので段ボールリサイクル事業は再び貨物船に乗せて、1000㎞引き返さなければなりません。そこで、事業者から段ボールをもらって畑に敷き詰めています。3カ月で土に戻ります。身近に入手できる資材で工夫しましょう。

Q　不耕起に向く作物、向かない作物ってある？

A　生育が早い作物が向く、ジャガイモやサツマイモは向かない。

不耕起に向く作物は、生育が早い作物です。夏作物では、ダイズやソバ、飼料用トウモロコシなどです。この場合は、緑肥などとの組み合わせで雑草を抑制し、前述の除草機利用などと組み合わせての対応となります。ムギ類やナタネなどの冬の作物では、雑草の生育速度が遅いので比較的多く適用可能です。

不耕起に向かない作物は、ジャガイモやサツマイモなどの根菜類などでしょう。私は、トマトやナス、ピーマンなどの果菜類の栽培にチャレンジしていますが、有機物マルチやリビングマルチ、ポリマルチをうまく使うと十分栽培可能です。

Q　不耕起にしたら、収量は落ちるんでしょ？

A　増収技術ではない。ただ、天候不順の年には慣行より多収する。

不耕起は増収技術ではありません。土壌の撹乱を最小限とすることで、土の持っている生態的な機能を向上させ、省エネや省資源に結び付ける技術です。そのため、不耕起ですぐに増収とはいきませんが、まずは「ふつうにとれる！」ことを目指しましょう。

私は次のような問題を経験しまし

た。まず、不耕起状態では圃場の凸凹などがあり、出芽がうまくいかないときがあります。播種時にタネをしっかり覆土するのが大切です。次に生育の初期に作物が雑草との競合に勝つこと。そのためには、播種前に緑肥の残渣などで圃場表面を被覆し、栽培初期の雑草を抑えることです。そのうえで、ウネ間を除草します。雑草は作物に比べて生長速度が格段に早いため、複数回の除草が必要です。その後、作物が圃場表面を十分に被覆できれば、慣行栽培と同じくらいの収穫が望めます。

私の経験では、降雨が多い年では圃場の排水が優れていて水没せずにすんだり、乾燥年では土壌水分が保持され生育が確保できます。天候不順の年には慣行栽培よりも増収することを確認しています。

A 収量は落ちない。上がる場合もある。

収量が落ちるようなら、どこかやり方がまずいかもしれません。私の畑（亜熱帯、沖積土壌）の経験が、すべての地域のマニュアルにはなり得ません。農業は百形態百様いろいろあるので、まず、自分の畑の栽培履歴、有機物含有量、生物相、降水量、露地かハウスかなどを調べ、観察し、研究・実践する。世界には不耕起にして、驚異的に収量を上げている経営者がたくさんいます。

私の場合、かなりの経費削減になりました。燃料費、肥料代、資材費など。収量が同じでも手元に残るお金が増えます。いくら収量を増やしても、赤字ならやめたほうがよいですよね。毎年、昨年よりよくなっていく畑、生き物がいっぱいいる畑、災害に強い畑。やりたいことがいっぱい次々に思いつく毎日です。今年だけではなく、来年、5年後、10年後、50年後を夢見られる農業の基本があなたの目の前にあります。

Q 不耕起にすると土の中はどうなるの？

A 根、菌類、ミミズなどの働きで団粒化が進む。

まず、作物の残渣が地表面に集積します。土壌中の好気的な場所に有機物が豊富にあることで、菌類（カビ）の密度が増加します。菌類は土壌の団粒化を促します。不耕起では、団粒化が耕耘区に比べて29％増加することを確認しています。これは、不耕起状態が団粒化を促すことを示していますが、団粒は年間にわたって形成と崩壊を繰り返します。したがって正確にいうと、不耕起にすると団粒が壊れないのではなく、冬の凍結などで壊れても菌類などの活動で再形成されるのではないかと考えています。

また、表層に張った根からの分泌物も団粒化を促進します。表層の豊富な有機物をもとに菌類が増殖し、作物の根からの分泌物とともに団粒形成を促し、さらにミミズなどの土壌改変者も団粒化を促していると考えます。不耕起は作物の根が張ってできた孔隙（根穴）をそのまま残すので、排水性もよくなり、豪雨時の湛水を防ぐ効果や、土壌有機物を貯留する効果も認められます。

不耕起とプラウ耕のダイズ圃場で生育を比較

プラウ耕

耕深27㎝で耕す

不耕起

有機物マルチの上から不耕起播種

2020年7月

初期生育はやや緩慢

土壌水分が安定し初期生育を確保

2021年7月

集中豪雨による滞水
＊プラウ耕でも冬作の緑肥を組み合わせた区では滞水なし

集中豪雨でも排水良好

2022年8月

高温・乾燥による生育遅延

高温・乾燥でも生育確保

耕さない農業で経営できる？ 土はホントによくなる？

神奈川県横須賀市●仲野晶子／仲野 翔

神奈川県横須賀市で農業を営むＳＨＯ Ｆａｒｍと申します。現在2・5haの畑、5aの田んぼ、80羽のニワトリを飼育しています。労働力は私たち2人に加えて、2人の正社員と2人の研修生、7人のパートスタッフ、農福連携、援農ボランティアの手を借りながら営農しています。

不耕起・再生型農業には『土・牛・微生物』（築地書館）や『土を育てる』（ＮＨＫ出版）といった本から理論を学び、国内外で実践されている農家の方々に学びながら手探りで実践してきました。今回は特に翔が専門とする経営と、晶子が専門とする土壌の2点の観点から、大地再生農業の経過を書きます。

経営について

不耕起、緑肥、草積みで続けられる？

そもそも、大地再生農業は農家の経営として本当に成り立つのでしょうか？ 私たちが実践した不耕起・再生型農業では、土ごと発酵や緑肥栽培、雑草をウネに積む「草積み」（草がたくさん生えるアジアモンスーンならではの方法）などを取り入れています。しかしこれらの作業はかなり大変なのでは？という疑問もあると思います。それが通常の栽培と比較して経営的によかったのかどうなのか、明らかにしようと考えました。

今回は、露地栽培コマツナと露地栽培ミニトマトで、10ａあたりのコストを検証しました。私たちが不耕起・再生型農業として実践した作型は、いずれも前作に季節に合う複数の種類の緑肥を混播します。その緑肥はハンマーナイフモアで粉砕しますが、すき込まずにそのまま作付けをします。

比較対象として、慣行栽培のように管理する有機栽培（マルチや防草シート、有機ＪＡＳ規格の農薬などを使うやり方。以下、有機栽培）の経営を挙げました。この有機栽培の経営内容はどの数値を参考にしたかというと、三浦半島地域の経営指標を骨子とし、有機栽培した場合（慣行栽培の収量の20％減、および農薬費減等）で算出しました。

露地栽培コマツナ（秋冬作）の作型

9月下旬に播種し、年内に収穫完了する作型で比較しました。

私たちの方法は、播種機を使わずトラクタも入らない方法です。まず前作

露地栽培ミニトマト

4月下旬に緑肥を刈り払ったところへ、5月に支柱を立てミニトマトの苗を定植した様子

7月の様子。寒さにも強く、12月までとれた

露地栽培コマツナ

9月、前作夏のミックス緑肥をいったん高刈りしたあと、コマツナをバラ播き、ハンマーナイフモアで再び細断しているところ。刈った草が覆土代わりになる

秋～冬にコマツナを収穫

の夏ミックス緑肥（ソルゴー、クロタラリア、ギニアグラスなど）をハンマーナイフモアで細断。その際、いったん刃を高めの設定にして刈り、緑肥が膝下くらいまで残った状態にします。その後、自家採種（購入すると種苗費が高くつきます）のコマツナのタネをばら播きます。そしてハンマーナイフモアで、今度は地表ぎりぎりで緑肥を粉砕し、播種完了です。たまに刃が土に入ってしまうこともありますが、基本は緑肥の残渣によってタネが被覆されるので、発芽と生育はとても良好でした。

　その後の作業としては、のちに収穫通路を確保するために、刈り払い機で発芽したコマツナを除草する必要があること。また、収穫では一列にビシッと生えておらずまばらなため（収穫を阻害するほど大きな雑草は生えない）、有機栽培の経営より1・2倍の収穫時間を要しますが、そのほかに追加で発生する作業はありません。

　なお春作は、この播種方法では雑草負けして有効ではありませんでした。

露地栽培ミニトマト（5月定植）の作型

　私たちの方法では、前作緑肥（ムギ、ヘアリーベッチなど）を倒すため、ハンマーナイフモアをかけてから、少し土にチップソーの刃を入れながら表層を刈り払いします。そして刈り草でウネを覆ったまま、すぐにミニトマトを移植します（ただ、ムギが雑草化して大変だったのでウネの上だけはヘアリーベッチか草積みにしておく方法もよいと思います）。

　その後の作業としては、ほかで雑草などを刈って草マルチをして、しっかりウネを覆っておきます（草積み）。追肥はしません。除草は計4回。といっても、枯れ草からちょびちょび生えてきた草を取ったくらいです。そのほかは、有機栽培と同じ管理方法です。

ミミズ、団粒構造……土づくりを実感！

　とくに明確なウネがあるトマトの畑では、ウネの上に草を積んでいくにつれ、ミミズが増えていきました。ウネに積んだ草を少しどけると、表土に腐植たっぷりの黒くて強い団粒構造が現われ、土壌をつくっている実感があることは何よりもうれしいです。

　コマツナはトラクタの整地と播種機の往復がない分、播種作業に対する気持ちがとてもラクになりました。今年の冬作ではコマツナのようなバラ播き法をほかの品種でもチャレンジし、同様の作型を増やしていこうと思います。

　ミニトマトについては、周りの農家が雨が降るごとに農薬散布に忙しそうな様子を横目に、草をのせて病気のないミニトマトを、単価の高い12月に出荷できたことはとてもうれしい結果でした。

収益性が高く 価格高騰の影響を受けにくい

　具体的な数字を見ると、コマツナの比較結果は表1の通り、経費は不耕起・再生型農業のほうが少なく済みました。収量は有機栽培以上の収量があり、総じて良好な結果となりました。

　ミニトマトは表2の通りです。経費は、10aあたり12万円ほど少ない結果となりましたが、収量については、有機栽培に対し不耕起・再生型農業は20％減収となりました。これは前作緑肥の刈り払い後もムギの再生長が続

コストの比較（10aあたり）

＊時給は1500円換算。工程が同じものは労務費から除外（結束・洗浄など）

表1　露地栽培コマツナ

	不耕起・再生型農業	金額（円）	有機栽培	金額（円）
労務費	緑肥細断・播種3回（計3h）	4500	堆肥・耕耘2回（計6h）	9000
	作業用通路の刈り払い（2h）	3000	播種3回（計4.5h）	6750
	片付け・次作の緑肥播種・ハンマーナイフモアで高刈り3回（計3h）	4500	片付け・耕耘整地（9h）	1万3500
	収穫調製（26h×3回＝計78h）	11万7000	収穫調製（22h×3回＝計66h）	9万9000
小計		12万9000		12万8250
肥料費など	（緑肥の種子代　10kg）	1万	（化学肥料で換算した場合）	1万8897
農機具費	ハンマーナイフモア	2018	トラクタなど	1万5986
合計		14万1018		16万3133

＊収穫時間は、不耕起・再生型農業はバラ播きのため、列で播く有機栽培の1.2倍かかると想定
＊農機具費は、不耕起・再生型農業は減価償却などを加味してコマツナだけで使った分を割り出した

不耕起・再生型農業だと、労務費は収穫時間が多い分大きいが、緑肥種子代以外の肥料費はかからないので価格高騰の影響も受けない。トラクタも使わない

表2　露地栽培ミニトマト

	不耕起・再生型農業	金額（円）	有機栽培	金額（円）
労務費	冬季から育成した緑肥の刈り払い（13.5h）	2万250	冬の耕耘作業（2h）	3000
	除草1（通路）・定植・草葺き（9h）	1万3500	堆肥・ウネ立て・マルチ・定植（17h）	2万5500
	除草2（5月中旬・株間）・草葺き（6h）	9000	追肥（3h×3回＝計9h）	1万3500
	除草3（7月上旬）・同上	9000	マルチ片付け（7月下旬）（20h）	3万
	除草4（8月上旬）・同上	9000		
小計		6万750		7万2000
肥料費など	（刈り草処分業者への手土産）	3000	（化学肥料で換算した場合）	7万7280
諸材料費	支柱、出荷手数料、段ボール箱など	42万3347	マルチ、支柱、出荷手数料、段ボール箱など	43万8613
農機具費	刈り払い機など	7152	トラクタなど	2万9529
合計		49万4249		61万7422

不耕起・再生型農業だと、積んだ刈り草が堆肥となり、追肥代わりになっていくので肥料費がかからない。マルチの片付け作業もない

き、アレロパシー効果と思われる生育不良が見受けられ、初期生育が緩慢だったことが影響していると思います。収量については改善の可能性がありますが、結果として5月に定植したミニトマトが12月まで収穫できたことは、私たちも驚きました（22年の収量は10aあたり4・1t）。

この経営比較で参考にした経営指標は2012年度のものです。現在では肥料費などの費用が軒並み増大しています。今後もコストは下がるところを知らない見込みを鑑みると、不耕起・再生型農業の実際の収益性はさらに向上するはずなので、チャレンジしてみる価値はあると思います。大型機械を必要としないこの農法は、新規就農者にもおすすめできる方法です。

土壌について

「草積み」した土はどうなっている？

さて、緑肥が土壌に及ぼす影響については多くの先行研究があります。いっぽう「草積み」については、どのように土壌に影響するのか、先行研究

３カ所の土壌断面

①は耕作放棄地のままの畑。②は２年ほど前から緑肥を導入している畑。③は２年前から草を積み続けた畑。①に比べて、②と③はＡ層が厚く伸びている

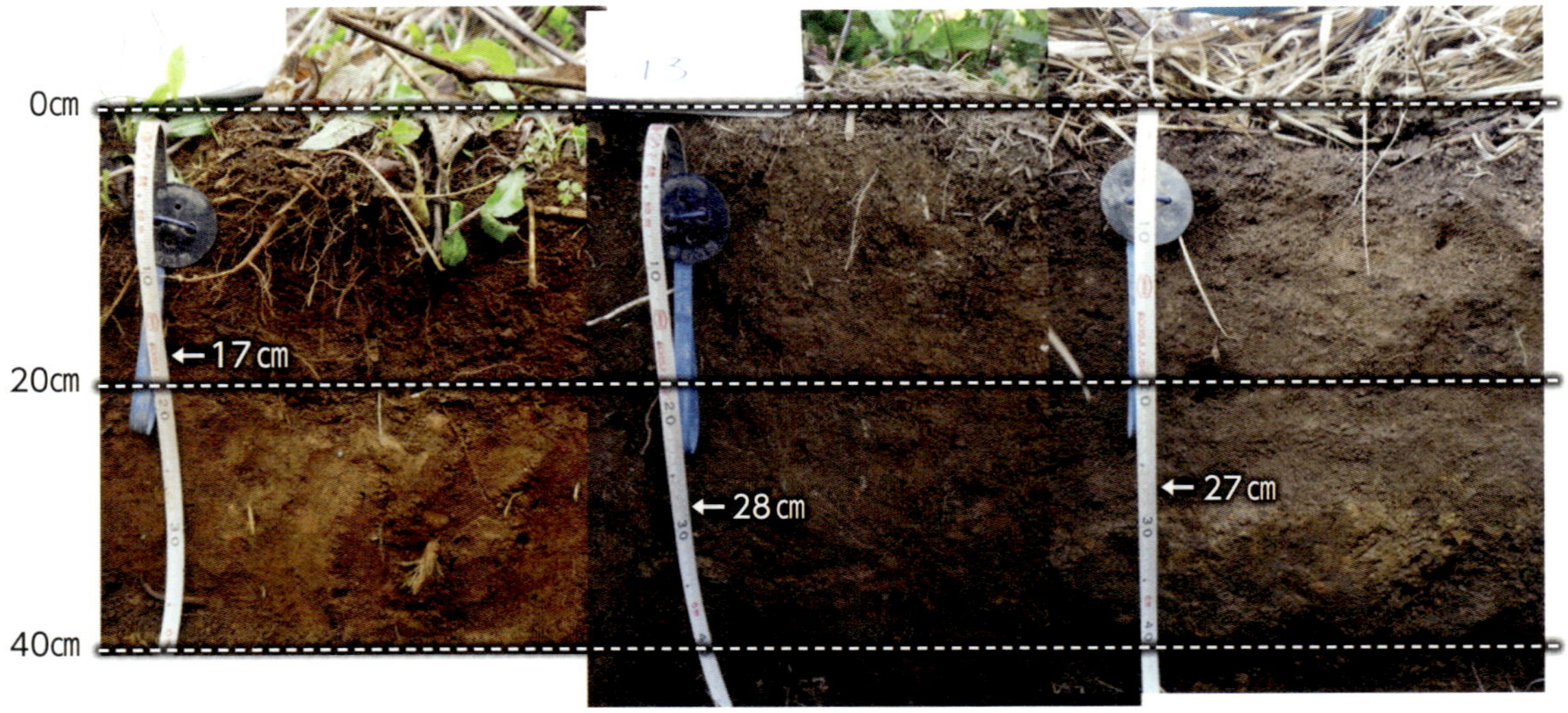

①耕作放棄地
Ａ層が17㎝しかなかった。

②緑肥区
Ａ層が28㎝まで伸びた。緑肥の根の効果と思われる斑紋（鉄が酸化した色）が見られた。

③草積み区
Ａ層が27㎝まで伸びた。とくに表層に団粒構造が見られ、色も黒くて腐植化が進んでいる。

を見つけられませんでした。草積みという方法は緑肥利用と比べて、どれほど、どんな効果があるのかを知りたいと思いました。

そこで、私たちの管理している畑のうち、緑肥を利用した区と草積みした区の土壌の状態を、土壌分析と断面観察の両方で比較検討してみることにしました。

調査地点は3カ所。すべて同じ母材（人工造成土）で、半径１００ｍ以内にある近い場所を選びました。

①**耕作放棄地**：10年以上耕作も耕耘もされていないところ。

②**緑肥区**：耕作放棄地から、最初に土ごと発酵（炭素率の高い堆肥やせん定クズを入れて浅く耕耘後、緑肥栽培）をしたのち、さらにもう一度緑肥を播種したところ。耕作管理および不耕起栽培2年目。

③**草積み区**：有機栽培から、不耕起に切り替え、草をたくさん積んだところ。不耕起栽培2年目。

▼断面調査――A層が分厚くなった

まず土を40㎝ほど掘り、土壌断面を調査しました。結果は上の写真の通り。注目すべきはA層（生物活動が活

発な層）の違いです。

①の耕作放棄地に比べて②③ではA層が10㎝ほど厚かったのです。人の手が入らないほうが土壌がよいイメージだったので、むしろ約2年間でも人の手を入れた場所のほうがA層が厚くなっていることは驚きでした。

▼SOFIX――微生物量も増えた

土壌分析として、今回初めてSOFIXを利用しました。化学性のみならず生物性と物理性も測定するところがいいなと思い、分析を委託しました。

分析の結果は左図（深さ0～10㎝の層）の通り。大きな違いが出たのは総細菌数で、③②①の順で多く出ました。また、もっと下層（深さ17～27㎝の層）の土も分析しており、②③は①と比べて下層まで菌数が多くなっていたこともおもしろいと思います。

＊

今回、断面調査と土壌分析の両方で土壌を評価したことで、多角的に土壌の変化を観察できました。

SOFIXは土壌を総合評価のA1～Dにランクづける大変わかりやすい指標です。ただし土壌は超複雑系で、気候や母材など生成過程に様々なバリエーションがあります。SOFIXのような一元的な評価では、あまりに単純化され、不可視化されてしまう点もあることに注意して付き合っていくべきと考えています。

また、表層だけの土壌分析では取りこぼしてしまうことがあります。例えば表層の土壌は土壌分析的に良好という評価がされたとしても、じつはA層の厚さは年々減っていることもありうるかもしれません。関心を持たれた方はまずは作土層程度の深さでよいので、小さな穴を掘って土壌の断面が経年でどのような変化をしていくのか、観察してみてください。

※比較内容の詳細については、SHOFarmのホームページサイト「不耕起再生型農業実践報告会」のアーカイブ動画もご覧ください。

SOFIXの結果（一部）

深さ0～10㎝の土で、土中のチッソ有機物を分解するために必要な、「総細菌数」と「アンモニア酸化活性」と「亜硝酸酸化活性」を測定した結果。三角形が大きいほどチッソ循環が活発。人の手を入れていない①が一番小さく、③が一番大きかったことがおもしろい。②は一度耕耘している

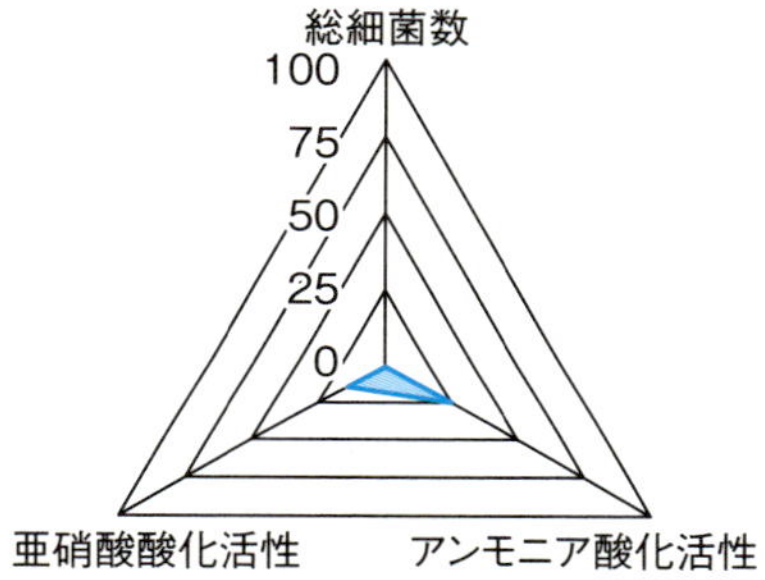

①耕作放棄地

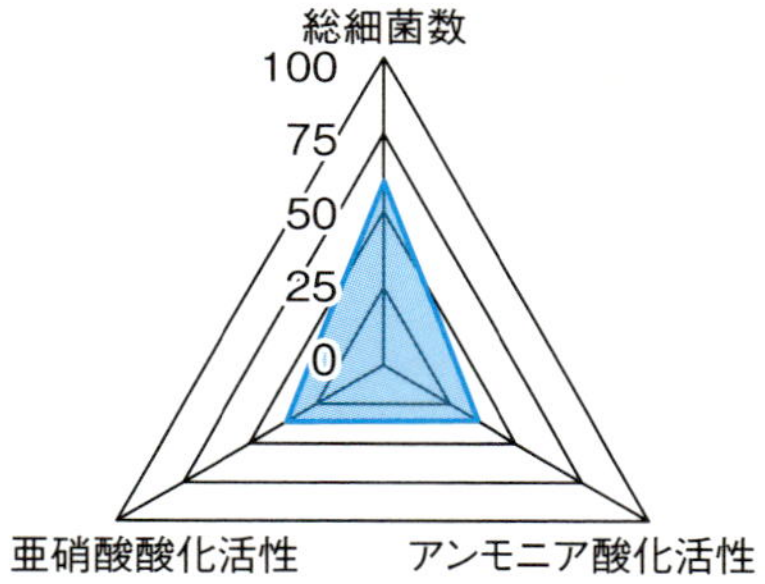

②緑肥区

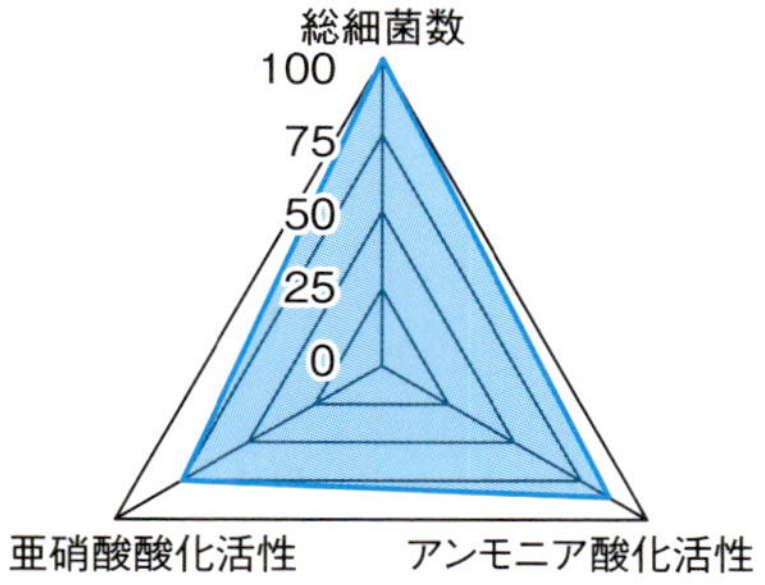

③草積み区

図解 不耕起と緑肥による 炭素貯留のしくみ

編集部

不耕起と緑肥を組み合わせると、土壌中の炭素貯留量が著しく増加する。そして、土壌炭素が増えるほど、土の化学性・生物性・物理性がアップする。つまり生産性がよくなる。

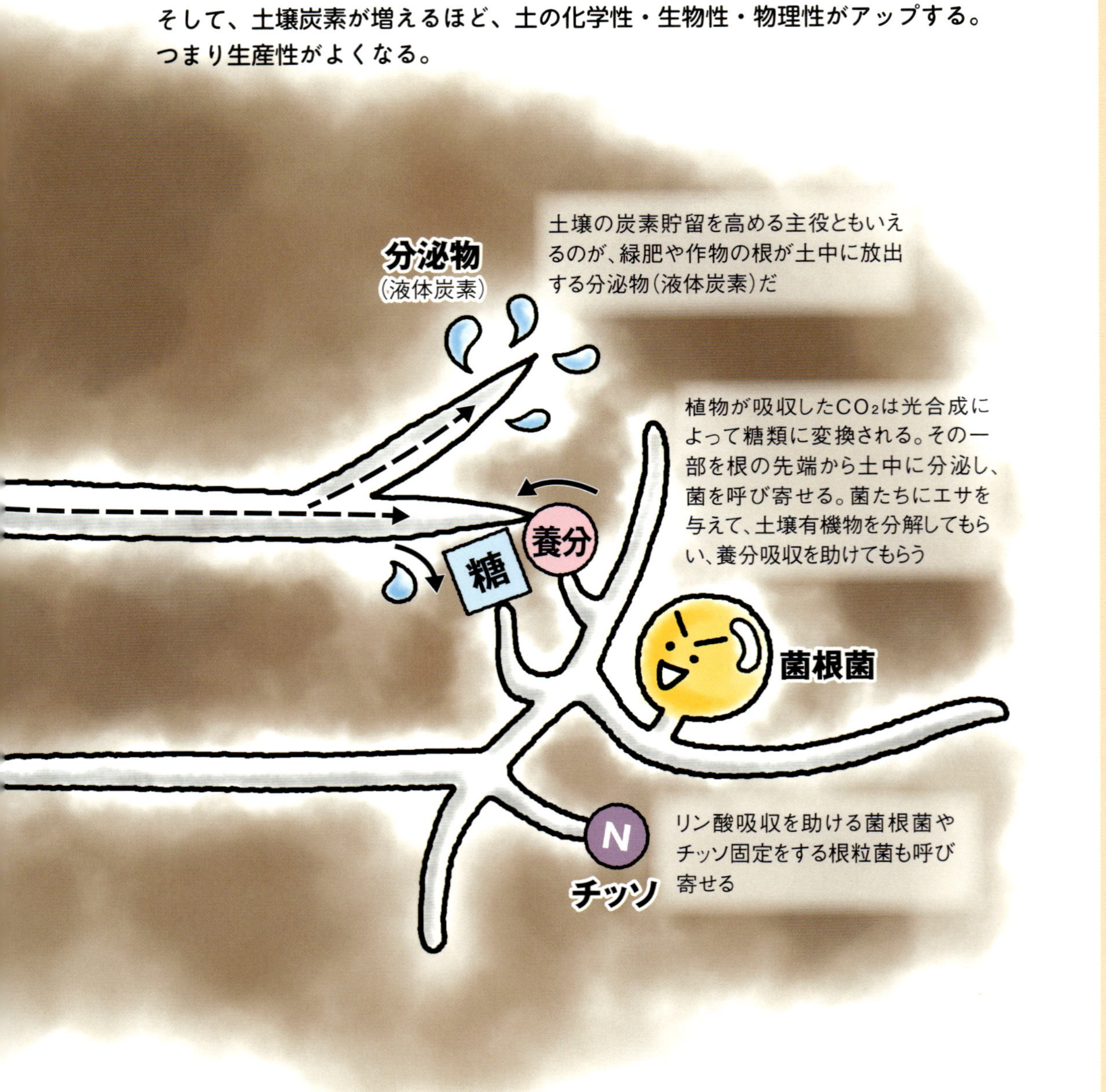

分泌物
（液体炭素）
土壌の炭素貯留を高める主役ともいえるのが、緑肥や作物の根が土中に放出する分泌物（液体炭素）だ
植物が吸収したCO_2は光合成によって糖類に変換される。その一部を根の先端から土中に分泌し、菌を呼び寄せる。菌たちにエサを与えて、土壌有機物を分解してもらい、養分吸収を助けてもらう
養分
糖
菌根菌
N
チッソ
リン酸吸収を助ける菌根菌やチッソ固定をする根粒菌も呼び寄せる

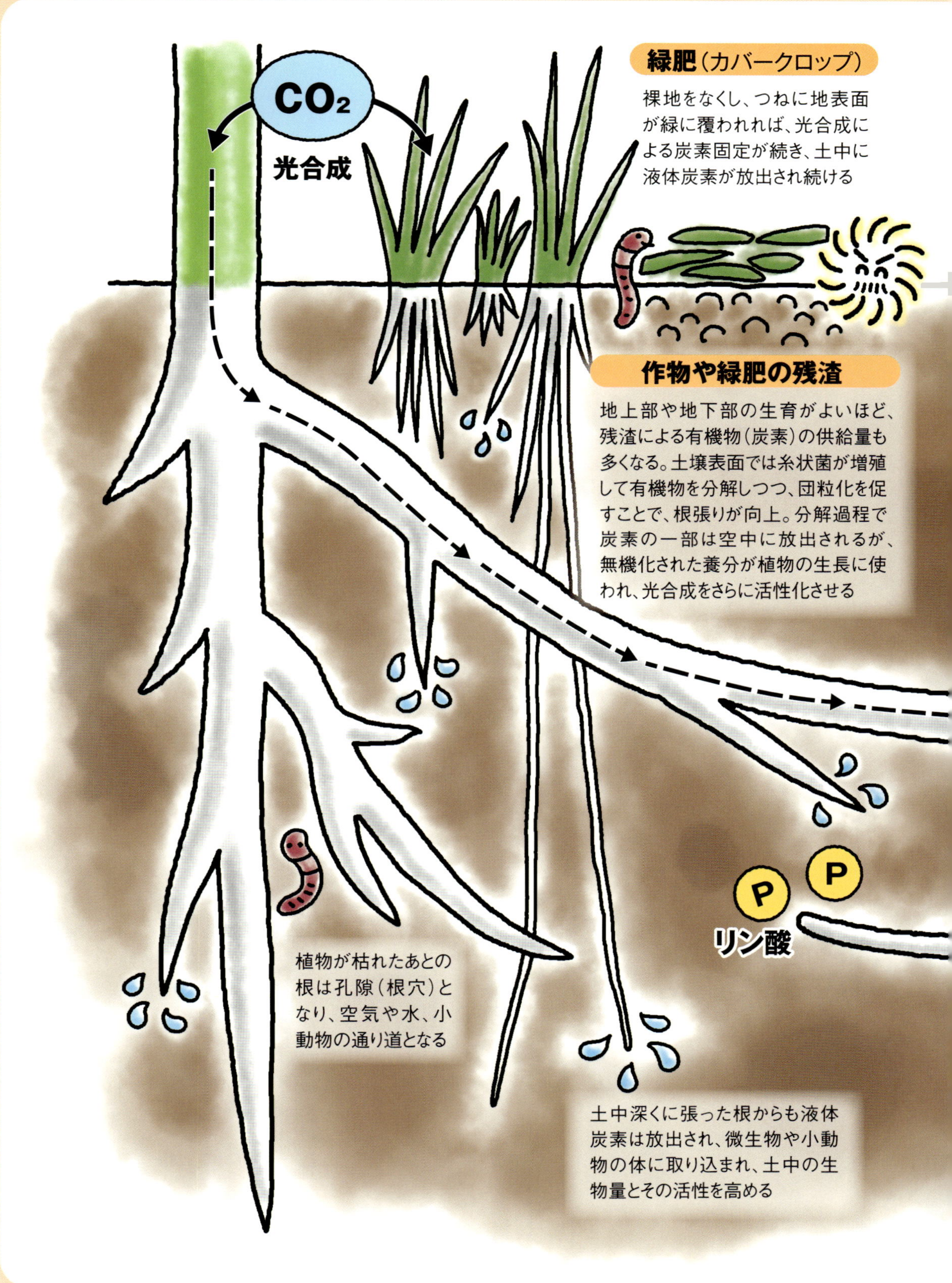
CO_2
光合成
緑肥（カバークロップ）
裸地をなくし、つねに地表面が緑に覆われれば、光合成による炭素固定が続き、土中に液体炭素が放出され続ける
作物や緑肥の残渣
地上部や地下部の生育がよいほど、残渣による有機物（炭素）の供給量も多くなる。土壌表面では糸状菌が増殖して有機物を分解しつつ、団粒化を促すことで、根張りが向上。分解過程で炭素の一部は空中に放出されるが、無機化された養分が植物の生長に使われ、光合成をさらに活性化させる
P
P
リン酸
植物が枯れたあとの根は孔隙（根穴）となり、空気や水、小動物の通り道となる
土中深くに張った根からも液体炭素は放出され、微生物や小動物の体に取り込まれ、土中の生物量とその活性を高める

不耕起&緑肥の地球温暖化防止力

茨城大学●小松崎将一

緑肥と不耕起に熱視線

「みどりの食料システム戦略」への議論が高まっています。とくに肥料代・燃料代高騰などもあいまって、緑肥利用については、圃場内の残留養分を回収し、有機物を土壌に還元し、土壌由来の養分供給を高めることが、化学肥料に依存しない技術として改めて注目されています。

緑肥栽培は温暖化緩和の点からも注目されています。緑肥や堆肥、バイオ炭など土壌中に有機物還元をすすめることで、還元された有機物の一部を腐植として土壌中に長期的に貯留させることが可能です。これらの有機物は、もともとは作物が光合成し、大気中の二酸化炭素を植物体に固定したものですが、土壌中で腐植として残ることで、それらを土壌に隔離していることになります。

不耕起栽培については１９８０年代オハイオ州立大学のRattan Lal教授が土壌炭素貯留効果を報告されて以来、土壌侵食の抑制と同時に、土壌炭素の蓄積に伴う温室効果ガスの吸収源対策として位置づけられています。不耕起栽培は土壌を攪乱しないので、森林と同様に表層に還元された有機物を土壌中に長期にわたって貯留可能です。

現在、不耕起栽培は全米農地の37％、圃場の攪乱を最小限とする減耕耘栽培が35％を占めるなど、いわゆる「保全耕耘」が広く実施されています。しかしながら、日本のようなアジアモンスーンの気候条件で、果たして不耕起栽培や緑肥の利用が土壌炭素貯留に有効なのでしょうか？

不耕起&ライムギが効果大

茨城大学農学部国際フィールド農学センターでは、緑肥と耕耘方法による炭素貯留への影響のモニタリングサイトを設置し、農耕地の炭素貯留と作物生産性について２００３年から長期観測しています。耕耘方法（不耕起、プラウ耕、ロータリ耕）と、冬作の緑肥利用（ヘアリーベッチ、ライムギ、裸地）を組み合わせ、いずれも夏作に03～08年は陸稲を、09年以降はダイズを栽培しています。

まず、この圃場の土壌中の炭素の変化を測定し、農法の違いによる土壌中の炭素の増加・減少の定量的な評価と、農耕地から発生する温室効果ガスのモニタリングを行ないました。

土壌炭素貯留量の推移を見ますと、最初の数年は、作物の収量も土壌炭素量も有意な差がありませんでした。しかし、継続3年目からは不耕起区の表層で土壌中の炭素が増加する傾向が認められ、継続8年後には不耕起区では、耕耘区（プラウ耕とロータリ耕）に比べて10～21％増加しました。

また08年の土壌炭素量を見ると（図1）、プラウ耕の裸地区でもっとも少なくなりました。一方でプラウ耕においても冬作にヘアリーベッチやライムギを作付けすることで、裸地区に比べて5～7％炭素貯留量が大きくなりました。不耕起栽培では、緑肥の作付けの有無にかかわらず、プラウ耕の裸地区に比べてや

図1　土壌炭素貯留の変化

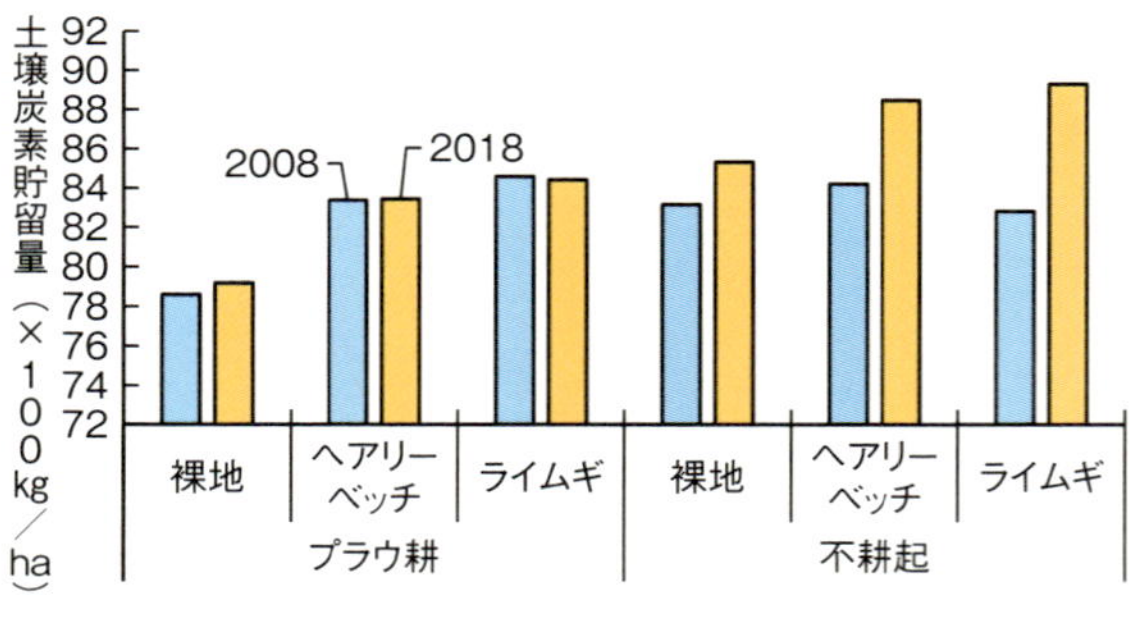

耕耘方法と緑肥の組み合わせによって、土壌炭素貯留量が変化する。とくに不耕起＆ライムギ区が10年間でもっとも貯留量が増えた。プラウ耕では緑肥区が裸地区より貯留量が多い

不耕起のダイズ圃場（左）とプラウ耕での播種30日後の生育状況。不耕起のほうが生育や揃いがよかった

はり5～7%炭素貯留量が増加していました。

それぞれの耕耘方法と緑肥の利用を継続した結果、不耕起栽培において、裸地区で2・6%、ヘアリーベッチで5・1%、さらにライムギでは7・8%の増加を示しました。

このことから、不耕起栽培に緑肥を組み合わせることで土壌炭素貯留量を増加させることが認められました。またプラウ耕においても、緑肥の導入によって、裸地と比べて土壌炭素が高く維持できることも注目できます。

温暖化ガスの排出が減る

それでは、農耕地から排出されるメタンや亜酸化チッソの動態はどうでしょうか？　この圃場での温室効果ガスのモニタリングの結果、緑肥区では炭素の供給量が多くなるため、メタンガスの発生が裸地区より多くなりました。不耕起区では表層に土壌無機態チッソが多くなることや糸状菌が発生しやすい条件から、亜酸化チッソガスの発生が耕起区より多くなりました。しかしどちらも微増にとどまりました。

これらの農法を地球温暖化係数（GWP：Global Warming Potential）で評価してみました。GWPとは、農耕地から排出される亜酸化チッソやメタンを二酸化炭素で等量化し、また1年間あたりの土壌炭素の増減量をやはり二酸化炭素換算し、その農法が温暖化に対してどのぐらいの排出量を示すのかを計算するものです。

結果は、不耕起とライムギの緑肥利用によって土壌の炭素貯留量が著しく増加し、GWPはマイナス2324（単位は kg CO_2 equivalent ha^{-1} $year^{-1}$、以下略）と減少量が大きく、温暖化を緩和すると示されました（図2）。

これに対し、プラウ耕を行ない、ヘアリーベッチを作付けした圃場では421

図2　地球温暖化係数の変化

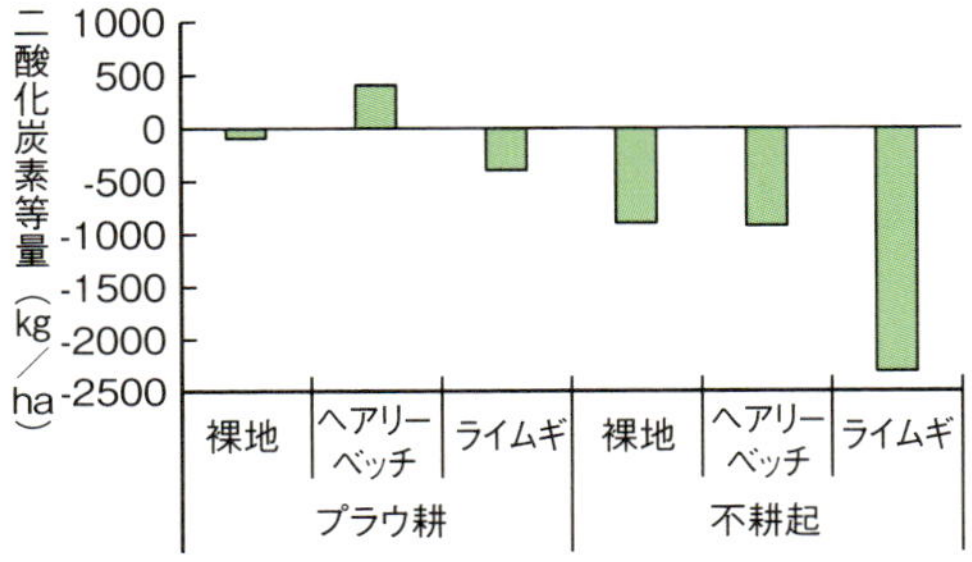

温暖化に影響する亜酸化チッソとメタンの排出量と、土壌炭素の増減を、二酸化炭素に換算して地球温暖化係数（二酸化炭素等量）を求めた。不耕起＆ライムギ区が一番値が低く、温暖化を緩和する働きがある

となり、排出が示されました。また不耕起栽培でも緑肥を作付けしない場合はマイナス907となり、ライムギの緑肥利用と不耕起の組み合わせよりGWPの減少量は半減しました。

　このことから、不耕起栽培に加えてライムギなどのイネ科の緑肥の利用の組み合わせが、GWPをより削減する農法として重要とわかりました。

土が健全化、生産性も上がる

　さらに、これらの長期試験圃場において土壌分析を行ない、全炭素や全チッソなど各種を測定し、また農法ごとの作物収量を求めました。それらの土壌パラメーターを正規化した積算値（＝土壌評価値）と、土壌炭素量との相関分析を行なった結果、土壌炭素量が増加するにつれて、土壌の化学性、生物性、物理性および生産性が改善されることが明らかとなりました（図3）。いわゆる地力が向上した、といえます。とくに不耕起とライムギの緑肥利用でもっとも高い土壌炭素を示し、かつもっとも高い土壌評価値を得ました。

図3　土壌評価値と土壌炭素の関係

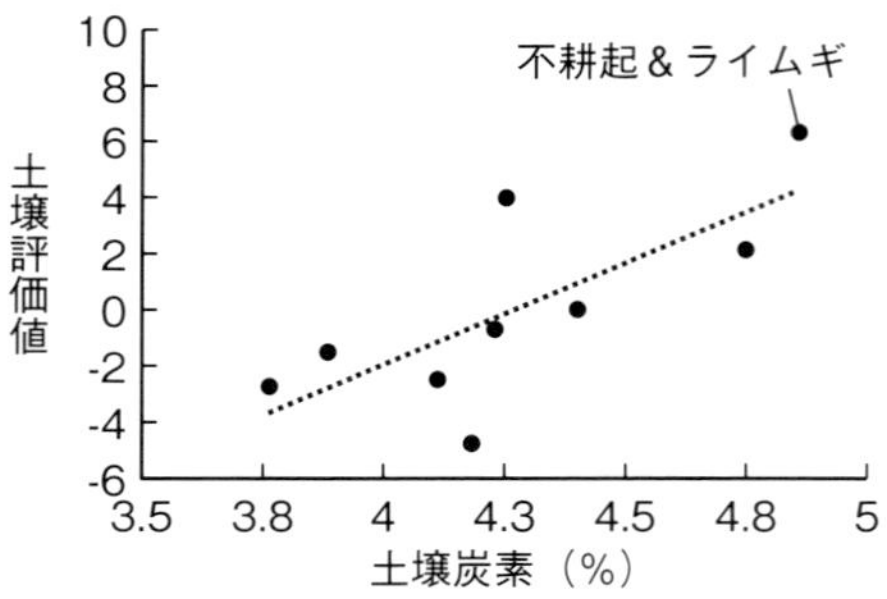

土壌炭素が増えるほど土壌評価値（化学性・生物性・物理性、生産性）が上がる。不耕起＆ライムギ区が、土壌炭素量も土壌評価値も一番高かった

　土壌炭素は土壌中で有機物の形で存在します。土壌有機物が土壌中に蓄積されることで、土壌由来の養分が増加することが生産性向上に結び付いたのではと考えています。

　農耕地の土壌に炭素を貯留することが、農地の生産力の維持増進にとって大切であることは以前より知られていました。本研究の成果から、不耕起栽培と緑肥を組み合わせて利用することで、農耕地における地球温暖化係数を削減すると同時に、土壌の示す化学的、物理的、生物的なパラメーターと生産性にかかわる機能が向上することで、環境保全と生産性という相互に利益のある農法となることが認められました。

堆肥では得られぬ効果がある

緑肥はメインとなる作物ではないため研究対象として久しく注目されず、また日本のように高温多湿な夏に雑草が繁茂しやすい環境では不耕起栽培の取り組みはあまりありませんでした。

　しかし、農業生産と環境との調和が重視されるなか、緑肥の利用や不耕起栽培は、農業のもつ自然循環機能を向上させるうえでユニークな手法であると考えられます。緑肥を利用して土壌炭素を増加させることは、二酸化炭素の吸収源のほかに、投入施肥量削減、長期的な収量の安定、さらに土壌保全や生物相の健全化など多面的な効果があります。とくに緑肥の導入は、土壌炭素を増加させると同時に、土壌残留養分を積極的に回収・ストックする機能をもつことから、堆肥では得られない極めて特徴的な土壌管理手法です。

　不耕起栽培の効果だけでなく、プラウ耕においても緑肥の利用と合わせることで土壌炭素貯留が維持されることも見逃せません。不耕起栽培はすぐに導入できるものではありませんが、まずは緑肥をうまく組み込み、土壌の健全性を高める取り組みから始めてはいかがでしょうか？

第4章
異常気象にも強い

高温・干ばつでも、キュウリがバテない　8月31日

カンカン照りの正午でも元気なキュウリ。「有機で耕してた頃はうどんこ病にやられて8月には収穫終了だったのに」と明子さん。定植時に植え穴にかん水したあと、一度も水やりしていない。家庭菜園は不耕起2年目で、1年目に堆肥と廃菌床を15cmの厚さでマルチし、2年目はその上からワラを敷いただけ（写真提供：メノビレッジ長沼、以下M）

キュウリが節なり。レイモンドさんが地表面の温度を測ると、周囲の耕した圃場は56℃、不耕起の畑は29℃。気温は33℃だった（M）

ズッキーニも霜が降りるまでとれ続けた（M）

高温・干ばつ、豪雨に負けなかった

大地再生農業の土を見た

北海道長沼町●メノビレッジ長沼

無農薬・無化学肥料で小麦などをつくるメノビレッジ長沼、レイモンド・エップさんの圃場は、粘土質の硬い土壌。20年以上にわたって、堆肥を大量投入したり、ボカシ肥をせっせと作っては散布し、土を耕し続けてきた。しかし、2019年に発想転換。土を耕さない「大地再生農業」に踏み出した。

土を裸にせず、作物の収穫後には10種類ほどのカバークロップを播く。多種多様な植物の根が微生物と共生関係を結びながら、土を豊かにすることで、団粒構造が形成される。

23年の異常気象は、その効果を実感させた。7月から1カ月ほど雨が降らず、その後も異常高温が続くなか、妻の荒谷明子さんが育てる家庭菜園のキュウリやズッキーニは、まったくバテることなく、霜が降りるまでとれ続けた。

9月20日頃に不耕起ドリルで播種した小麦は、その後の大雨にもかかわらず、順調に生育している。一方、周囲の耕した圃場では、雨で大量の表土が流亡してしまっていた。

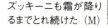

小麦播種直後の豪雨でも、土壌流亡なし　10月25日

ロータリできれいに整地された圃場。秋播き小麦が発芽して間もない時期。1時間に20～30㎜の雨が2時間降り続いたあとのようす。水流によって表土が流出し、道に流れ込んでいる（写真提供：玉城聡将）

小麦を播種して間もない10月5日に75㎜の大雨が降ったが、翌日にはスニーカーで入れるほどの水はけのよさ。その後の初期生育はいたって順調（品種：レッド・ファイフ）。この畑は22年7月20日頃に小麦を収穫した直後と23年の初夏にソルゴー、ヒマワリ、緑豆など10種類のカバークロップを播き（ヒツジを放牧）、9月20日頃に再び小麦を播いた（下段丞治撮影。以下、表記のないものすべて）

地面近くから見たところ。小麦やカバークロップを播種するときは、モアで草を短く刈り取り、ロータリで2㎝ほど草の根を削ってから、不耕起ドリルで播く。あらかじめ草にダメージを与えておかないと、初期生育が悪くなる

小麦を1株掘り上げてみた。根っこがガッチリ土をつかんでいる

耕さない農業は、自然を観る農業

堆肥を作ったり、耕したりする手間がかからなくなった分、土壌や自然の観察に力を入れる。スコップで穴を掘っては見て、触って、においを嗅ぐ

カバークロップの圃場の土を掘り上げた。腐植の多い土の表層付近には矢印のような小型のミミズ（シマミミズ?）が多くいて、せっせと有機物を分解してくれる

10月25日

カバークロップの圃場。小麦収穫後に播種して、ヒツジを2回放牧した。霜が降りて、冬を迎える前のようす。エンバクやヘアリーベッチなどは越冬するが、ソルゴーやヒマワリなどは死滅。雪解け後に再びカバークロップを播種して、ヒツジを放牧する予定

フトミミズもいた。「表層の小さなミミズが分解した腐植物質をフトミミズが下層に運んでいるのでは?」とレイモンドさん。「何回も穴を掘って観察したけど、フトミミズの道は縦向きです。彼らはチームを組んでますね!」

土のにおいを嗅ぐ。表層は放線菌の放つ神社の土のようなにおい。下層はほぼ無臭。土壌改善前の粘土層は硫黄のような異臭がする

土の硬さを調べる

硬度計（オーストリア製）で土の物理性を調べる。前ページの圃場は根がラクラク張れる硬さ（200psi以内）で55㎝以上挿さった。土壌分析では腐植の数値が12.1もあった（目標値は5）。一方、水田転換したての水はけの悪い圃場（写真）は2.7 ～ 3.7

メーター表示は内側の数値を見る（太さ13㎜の心棒を挿した場合）。200psiまでの緑部分なら、根がラクラク張れる硬さ。黄色の200 ～ 300はちょっと硬いが根が突き破る。赤の300以上になると根が張れない

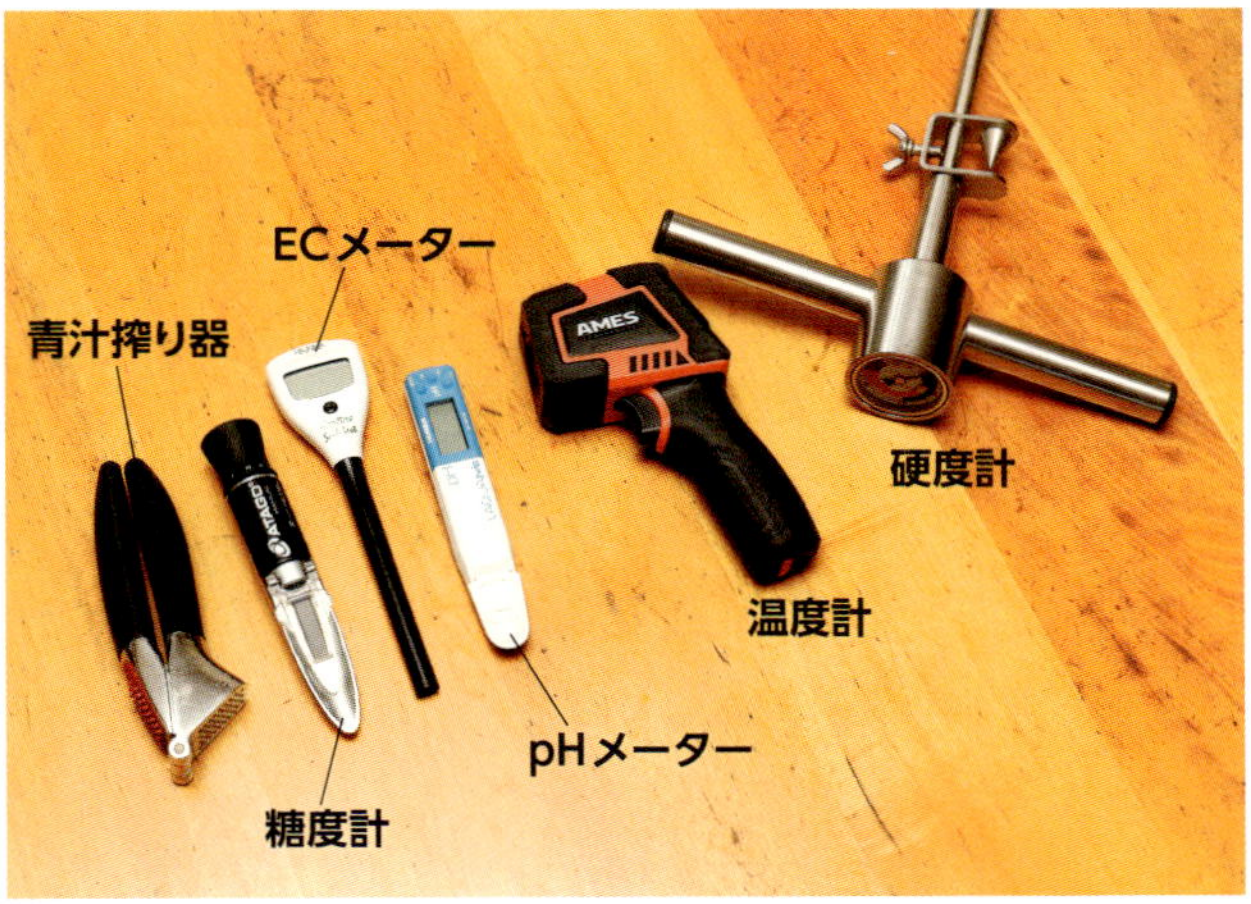

レイモンドさんの観察道具たち

地球沸騰化時代に 堂々不耕起宣言

東京都小笠原村●森本かおり

持っているのはタネ採り用のヘビウリで、1.4mまで育った。不耕起のおかげ!?

私の栽培メモ

- 不耕起で土壌生物を守る
- 雑草で生き草マルチ、刈り草や木材チップで有機物マルチ
- 野菜を混植する

異常気象でも収量2〜3倍

みなさんの地域では、気候はいかがでしたか？ 私の住んでいる小笠原の父島でも、例年より気温が高く、夏の農作物の管理が大変でした。さらに、近年は大干ばつだったり、警報が出るほどの豪雨だったり、降水量の大きな変動が頻繁に起こっています。実際、この原稿を書いている前日（２０２３年10月18日）、約50km離れた母島で１時間雨量１２５㎜の記録が！ 私たちはこの危機的変化にどう対処すればよいのでしょう？

じつは、森本農園ではすべての農作物が不調だったわけではなく、反対に前年より2〜3倍増収した野菜もあります。ここ数年で取り組んだことといえば、不耕起栽培と「生き草マルチ」、有機物の大量投入、化学肥料不使用、農薬削減です。少しずつ同時進行しているので、どれが決定的か不明ですが、私の観察から想像したことを報告してみます。

耕すのも、化学農薬もやめた

23年前に始めた野菜畑には、工事現場から出る赤い心土を50㎝の厚さで客土して、有機物はゼロでした。雨が降ればぬかるみ、乾けばカチカチ。堆肥を入れ、刈り草をマルチし、機械で深く耕すこと15年、土が黒っぽくなってきました。

最初の頃は除草剤を散布して、作付け前に2〜3回耕耘していました。ただ、土がよくなると、ミミズやワラジムシ、キノコの菌糸などが増えて、有機物の分解を助けてくれるようになります。生物によくない気がして、まずは除草剤をやめました。それでも耕耘するたびに、生態系を破壊してしまいます。私も年をとり、歩行型耕耘機を

扱うのが辛くなってきたので、だんだん耕すのを浅くして、ウネも低くなりました。そして遂に不耕起を実行！
2年前から耕耘機での作業をやめてしまったのです。同時に化学農薬（殺虫剤・殺菌剤）も使わなくなりました。

草の根が大事

もちろん、雑草がワサワサ生い茂り、最初のうちは大変でしたが、観察していると、厄介な草と別に生えていても構わない草があることに気づきました。作物より高くなる草、つる性で覆いかぶさる草以外は、残しても悪さをしません。それどころか、いいことがいっぱいあるらしいとわかってきました。

通路やウネの草が邪魔になるときや、野菜を作付けるときは、刈り払い機で雑草の上の部分だけ刈り取ります。根の部分を残すことが大切です。土の表面が常に生きた草か有機物で覆われていることも大切です。このような状態にしておくと、干ばつや大雨に強く、肥料が少なくてもかえって作物がよく育つ畑に近づきます。実際、耕起によって根こそぎきれいに除草した土地よりも、不耕起で草の根を残した土地のほうが生産性は高いようでした。

不耕起畑に穴を掘りズッキーニを定植。カルシウム補給でカキ殻をそのまま置いた。耕耘機が入らないので邪魔にならない

土は硬いが、穴だらけ

耕耘していないので、土はフカフカしていません。表層は有機物マルチが分解した腐植で覆われていますが、その下の層は踏みつけても硬い感触です。杭や棒もすいすい差し込めません。しかし、スコップで掘り起こすと小さな穴だらけ。雑草の根穴か、ミミズなどの土壌生物の通り道だと思います。

畑にマルチするための木材チップ。公共事業で出るものをもらえる

1日に80㎜以上の大雨が降っても、あっという間にサーッと吸い込まれていきます。反対に、水やりしなくてもキュウリがすくすく育つようになって驚いています。以前は毎日必ず、かん水チューブで地面がビショビショになるまで水をやっていたのですが。

耕起しないでいると、土の中で間隙がどんどん増えて、酸素も行き渡り、植物は可能な限り根を伸ばします。おそらく、畑全体に生物ネットワークが張り巡らされていて、水や肥料、微量要素などが根と微生物の間で交換され、運搬されているのでしょう。

ズッキーニの勢いがすごい

これまで、トマト、ズッキーニ、キュウリ、ブロッコリー、カリフラワー、ジャガイモ、セロリ、キャベツ、ハクサイなどを不耕起で栽培しました。前作の残渣を片付けたあと、ウネの表面が見えなくなるぐらい、どさっと堆肥をのせ、穴を掘って苗を植え付けます。少し離れたところにナタネ油

「ジャックと豆の木」みたいに育ったササゲ

大量にとれたササゲを乾燥しているところ

粕をお椀1杯。ウネ全体を木材チップか刈り草で覆い、手づくりのタンニン鉄とアミノ酸エキス（木酢＋魚のアラ）をたっぷりやって終了。簡単、速い、ラク。

　トマトには微生物農薬のBT剤を2回、ズッキーニには微生物農薬のバチスター水和剤を1回、ジャガイモには銅剤を1回だけ散布。病害虫はほとんど出ず、どれも最高の出来でした。

　特にズッキーニはいつもより樹が倍以上大きくなり、葉が通路にはみ出て、歩くのも大変でした。寿命が延び、なかなか枯れずに、1株から20本もとれました。蕾の段階で果実が15cm以上になり、受粉前に収穫できたものもあります。やわらかくて、生でもおいしいと評判です。

ササゲ大当たり、トウガン大豊作

　近年の温暖化で、暑さに弱いトマトは2週間早く枯れてしまうので、その後作で暑さに強いマメ科の緑肥を探していました。2〜5月収穫のトマトが終わってから、いままで自家用で栽培していたササゲを直播。大当たり！　見たこともないジャングルになり、毎日、鎌やハサミでつるを整理しないとすぐに通路がふさがるほどでした。水も肥料もやっていません。緑肥のつもりでしたが、9月に花がたくさん咲き、10月から完熟豆を摘みとっています。

　もう一つ、大豊作だったのがトウガンです。畑に生ゴミをまいたら勝手に芽生えて、自分でハウスの屋根によじ登り、つるを20mほど伸ばしています。肥料は最初の頃、励ましにお椀2杯分のナタネ油粕を与えて終わり。なんと、1株から250個以上収穫できました！　こんなの初めてです。

生物多様性で病害虫激減

　同じ畑に複数の作物を植える「混植」にも手応えを感じています。収穫時期が揃わず、植え付け時期もバラバラなので、化学農薬散布なし、耕起なしにしたら、あっとビックリ。病害虫が激減したのです。初めは、ラッキーな偶然だと思っていたのですが、継続性があり、わあ、やった！

　害虫は、全滅はしませんが、天敵がぐっと数を減らしてくれます。意外なのは、ヨトウムシの被害がほとんど見られなくなったことです。クモが増え、メジロやウグイスなどの小鳥たちがパトロール。卵から孵った若齢幼虫を片っ端から食べているようです。

　生物多様性を高めると、一種類の生物のみが繁栄、増殖できなくなるのだと思います。生態系の幅が広がれば、異常気象で増える病害虫もある程度は乗り越えられます。

いままでなにやってたんだ！

　いままでやってきたあの苦労はなんだったの？　耕してウネを立て、草を取り、水をたっぷりやって、肥料を与

畑にはあちこちにキノコが生えている

畑に刈り草を敷いて、生きた草の勢いを抑える。マルチにもなる

勝手に育ったトウガン。1株から250個もとれた

え、農薬をまき……。もちろん、機械代、燃料代、肥料代、農薬代、人件費もかかります。

雨続きの日々は空を眺めて、オロオロ。苗は徒長するし、足元はぬかるむし、植え穴を掘ろうにも土がネトネト。いまは１日１００㎜以上の大雨のあとでも、水たまりはなし。通路も乾いて歩きやすい。植え穴も掘れます。

病害虫に対しては真夏の暑いとき、カッパ着て、長靴はいて、マスクして、重いホースを引っ張って、汗をかきかき農薬散布。作業のあとは丁寧に顔や目を洗い、アルコールも控えめに。いまはどうしても必要な作物にだけ、ＢＴ剤やえひめＡＩ（手づくり菌液）を年に３〜４回散布するくらい。これがもう、うれしい。

本当に、いままでなにやってたんだ！　一番大切なのは、常識を疑い、観察し、実験し、生き方を変えることだったのです。

変われるチャンス

宣言！

- ハウス栽培はやめて、露地栽培だけにします。
- 不耕起栽培で、畑の中に循環型生態系を構築します。
- 家畜の導入を進め、生物多様性を維持します。
- 作物と違うというだけで排除していた雑草を見直し、「生き草マルチ」として活用します。
- 木材チップや刈り草をどこまで投入できるか限界にチャレンジします。

そして、

- 島の消費者に旬の農産物を提供し、それを心待ちにしてもらえるように、おいしくする努力を続けます。

目指せ、毎日、畑へ行くのが楽しい農園生活。黒字で借金のない、後継者にも自信を持ってすすめられる農業。従業員と畑を眺め、10年後、20年後、50年後を語り合って、うっとりする日々。その提案の一つが不耕起栽培です。

たとえ大災害があっても、それを乗り越えるのに次はなにをしようか、どうやって前へ進もうか……。大災害は変化のためのチャンスです。人生をいい方向に変えてください。

地上部の生育は悪くても

サトイモのイモ数2倍！

福島県二本松市●武藤政仁

ライムギ倒し栽培2年目の2023年、夏からの激暑と干ばつで感じたことを少々報告してみます。

厚さ5㎝の草マルチ

ライムギ倒し栽培とは、緑肥として播いたライムギを乳熟期に踏み倒し、耕さずに次作を定植や播種することです。このタイミングで倒すとムギが起き上がることなく、生きたまま敷きワラをしたようになります（16、18ページ）。

ライムギは22年11月に播種して23年5月に倒しました。ヒマワリなどの花を栽培する予定でしたが、倒したムギの量（厚さ5㎝）がありすぎて播種作業が困難だったので、急遽品目を変更してサツマイモとサトイモを栽培しました。サツマイモの苗はムギの隙間から軽く地面に挿すように、サトイモはムギをかき分け種イモが土に隠れるくらいの深さに植え付けました。

筆者と8月末のライムギマルチしたサトイモ。マルチは厚さ10㎝ほどあり、土は湿っている（写真はすべて赤松富仁撮影）

2カ月間ほぼ降雨なし

23年の夏場の高温・干ばつにより私の畑でもキクの開花遅延や高温障害が発生しました。7月22日の梅雨明けから秋のお彼岸まで猛暑日が続き、降水量も非常に少なく、天水頼みの露地栽培には大変厳しい夏でした。8月にライムギをかき分けて地面を触ってみると、干ばつ続きでもほんの少し湿り気があり、気温は35℃以上のときでも地温はそれほど高くないような感じでした。ムギマルチをしてない畑では土はカラカラで、地温35℃以上のところもありました。

そんななか、サツマイモは高温乾燥に強いので、生育にほとんど影響はありませんでしたが、サトイモは水分量が足りず、株にあまり勢いが出ないまま収穫期になりました。

ライムギ倒し栽培のほうがイモの数が多い！

10月中旬に収穫しました。不耕起栽培のサツマイモの生育やイモ数は慣行栽培とほとんど変わらなかったのです

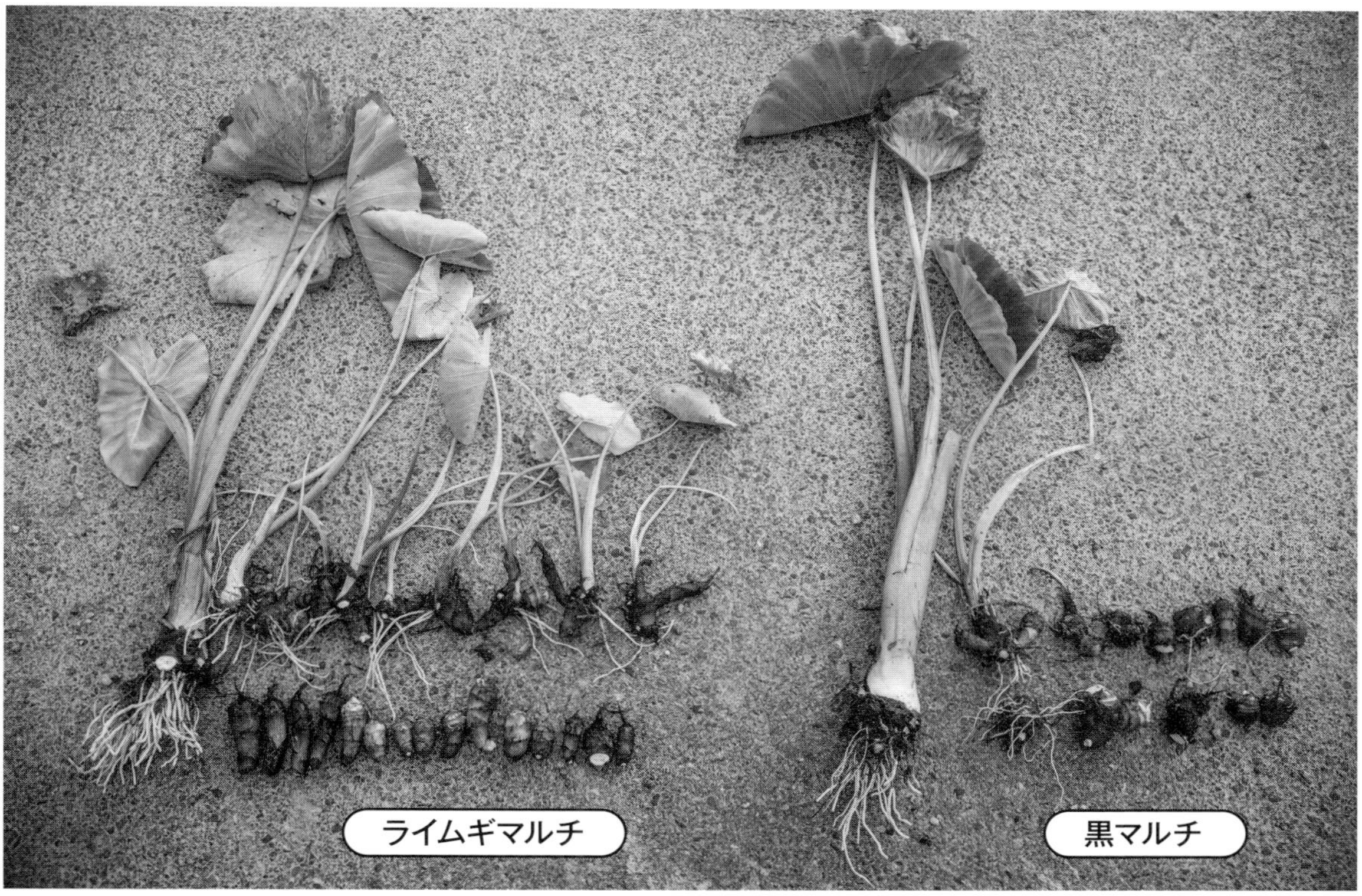

ライムギ押し倒し栽培した株と黒マルチ栽培した株を比較。黒マルチのほうが子イモの肥大はよかったが、ライムギマルチのほうがイモ数が多く、根量も多く色が白くきれい

10月中旬のサトイモ。子イモは土中ではなくムギマルチの下にできていた

が、サトイモのほうは面白い結果が出ました。

わが家では別の畑でも黒マルチしてサトイモを栽培しています。こちらは、元肥に有機質肥料を入れていたのもあり初期から株の勢いがよく、茎葉も太く大きく見えました。しかし、収穫したイモを比べてみたらライムギ倒し栽培のほうが倍近くありました。どちらも土寄せはしていません。倒したムギの厚みが土寄せと同じ効果になったのかと思われます。また、黒マルチをしたほうは腐り始めているイモもありました。

ライムギ倒し栽培はデメリットもありますが、作物によっては面白い結果が出そうです。来作はもっと工夫して実用性を高めたいと思います。

私の栽培メモ

- ライムギの分厚い生き草マルチ＆不耕起で土しっとり
- 地温も高くなりにくい

災害級の暑さからサトイモを守った

草と寒冷紗のWマルチ

愛媛県内子町●中谷信弘

自宅前の不耕起畑のサトイモ（2023年10月中旬撮影）。7月末に土寄せし、同時にウネに刈り草を分厚く敷き、寒冷紗をかけてWマルチした

私の栽培メモ

- 分厚い草マルチ＆寒冷紗で地温を下げる
- 落葉樹で日陰をつくる

自然農法で33年目

福岡正信氏の著書『わら一本の革命』を読み、感銘を受け、貸し農園を借りて、本を片手に自然農法を始めました。いつしか想いは膨らみ、「どこかの田舎で自然農法がしたい。自然の中で自給的な暮らしをつくりたい」と、1991年に家族で大阪から愛媛に移住。2024年で33年目になります。現在は1ha以上の農場で、自然農法と自然養鶏、そしてそれら生産物からつくった加工品を販売する3本柱で生計を立て、家族で暮らしています。

手を加える必要が出てきた

自然農法での野菜づくりも三十数年行なってきたわけですが、この間にずいぶん気象条件も変化してきたように思います。猛暑・酷暑に長期の干ばつ、ゲリラ豪雨に大型台風。異常気象といわれる状態がもはや当たり前になってきた昨今、「人間が極力余計な手を加えない自然農法」といえど、多少、手を加える必要性も出てきたように感じています。

その一つに暑さ対策があげられます。23年の夏も暑すぎました。毎日、熱中症で多くの人が倒れるニュースが流れました。いままで経験がありませんでしたが、私も午前の農作業中に熱中症で倒れてしまったほどでした。もはや、「災害級の暑さ」です。

畑の作物への影響も甚大、想定外のものになってきています。知人で、サトイモ専業の方がいます。サトイモは乾燥に弱いので田んぼで育て、2日おきに田に水を入れて水分を十分に与えることで、毎年問題なく育ててきたそうです。しかし、近年の異常な暑さによって田に張った水の温度が高くなりすぎて、逆にサトイモが弱ってしまって困っているとのことでした。従来のやり方では栽培しづらくなってきています。

自宅前の畑

30年続けてもカラカラ

わが家の畑でも、年々厳しくなる暑さに対して、栽培方法を試行錯誤してきました。

例えば、陽当たりがよすぎる畑が自宅前にあります。ここは南向きで、日の出から日の入りまで一日中、日陰にならず、さらに傾斜もあり、夏場はどうしても乾燥気味になってしまいます。

自然農法とは、不耕起・無農薬・無肥料・無除草の農法で、長く続ければ土もフカフカになる……とよくいわれますが、畑によって差はあります。この畑は30年経ってもフカフカとはいかず、硬い土で、夏はカラカラに乾きます。

大量の草マルチに寒冷紗

そんな畑で、水を好み乾燥に弱いサトイモを栽培する場合、何も対策をしなければサトイモは暑さで葉が枯れ、生育が悪くなってしまいます。

自然農法では畑に生える草を刈って作物の周りに敷きますが、暑さ対策としては畑に生える草の量では足りません。ですから河川敷などでたくさんの枯れ草をもらってきて畑に入れてきました。厚く敷いた草マルチは作物の根を日射しから守り地温を下げてくれますし、草堆肥となって土を肥やしてくれます。

しかしながら、災害級の暑さの前では、それでもまだ足りない。そこで23年の夏は、草マルチに加えて寒冷紗を敷く、草と寒冷紗のWマルチをやってみました。寒冷紗は、暑い時期のタネ播きの際などに、地温を発芽適温・生育適温に調整するために以前からよく用いていました。草マルチと併せて、敷き草の上から寒冷紗をサトイモの両側に敷くことで、根が焼けるのを防げればと用いてみました。

結果、とくに葉が枯れることもなく、無事に夏を乗り切ることができました。大いに成果があったと思います。大切なのは根を守ること。Wマルチによって土中水分の蒸散をずいぶん防ぐことができました。

根を守るといえば、土寄せの際（23年はWマルチする前）も根を切らないように注意を払っています。さらに、深く溝を掘って寄せるとかえって乾燥が進むので、浅く広く土を集めて寄せるようにしています。

木のある畑

日陰ができ土も育てる

もう1カ所、別の不耕起畑をご紹介します。ここは、移住してきてから一番初めに栽培を始めた畑です。ここで

左から次男竜介（今回の原稿を共同執筆）、妻隆子、筆者（81歳）、三男天平。野菜と卵を直配、菓子なども加工

は自然農法のすばらしい効果を特に実感できております。この場所の土も三十数年前は非常に硬い土でした。学校の運動場のようで、苗を植えようと、ツルハシをフルスイングしても跳ね返されてしまうほどの硬さでした。しかし今では、深さ30㎝のところまでフカフカで、手で簡単に土が掘れる場所も多くあります。前述の自宅前の畑同様、ここも陽当たりがよすぎる場所なのですが、土の状態は格段によいのです。なぜか――。

それは、30年前に、畑の周辺にクヌギやケヤキなどの落葉樹を植えたからです。落葉樹を植えることで、夏は強い日射しが遮られ、作物が木陰で休まる時間帯ができる。冬は木の葉が落ちるので、暖かな光がしっかり降り注ぎ、毎年落ち葉が積もって土を豊かにしてくれるだろうと考えたのです。

果たして、土は年々よくなりました。初期は草もほとんど生えなかったのが、年々草の量が増え、保水性にも排水性にも優れた豊かな畑に変わっていきました。今年も、ここでのサトイモ栽培は、土寄せをしなくとも豊かな実りがありました。

「寄らば大樹の陰」。今後は、樹木も含めた総合的な視点での農園づくりが急務になってきました。

30年ほど前にクヌギなどを植えた畑。夏は木が日射しを和らげ、秋は落ち葉が畑を豊かにする（11月初めに撮影）

サトイモ5株分。
1株20 ～ 30個できた

この畑のサトイモ（10月中旬撮影）。木陰が地温を抑えてくれて生育はバッチリ。ここは周りの草を刈らず土寄せもしなかった

100㎜の豪雨後でもスニーカーで入れた！

土着菌ハンペンが広がる不耕起畑

埼玉県宮代町●蛭田秀人

6月の豪雨、夏の猛暑にも負けず旺盛に生育しているモミガラマルチのトウガラシ。通路に見えるのはソルゴーの残渣

100㎜の豪雨、40日の干ばつ

２０２３年６月２～３日。梅雨前線と台風２号の影響で、埼玉県東部に位置する宮代町も大雨に見舞われました。１日で１００㎜以上の降水量を記録し、私の圃場でも浸水して１週間近く引かない場所がありました。そんななか、不耕起栽培をしている圃場は、雨が上がった直後からスニーカーで入れるほど水はけがよく、作業がたいへんはかどりました。

その後、夏の猛暑では40日近く降雨がなく、耕してウネを立てたサトイモは生育不良で一部が枯れてしまいました。カラカラに乾燥してほかの作物も大変苦労しましたが、６月の豪雨に負けなかった不耕起の圃場は、水をやらずとも順調な生育でした。

連作障害に悩まされた

私はここ宮代町の研修生として、近隣の草加市から移住し、農業に携わり今年で20年。非農家からの新規就農者です。約１haの畑で季節に合わせ、年間20種類ほどの野菜を栽培しています。就農当初は教科書通りに完熟堆肥や苦土石灰を施し、その結果カルシウム過多でアルカリ土壌に偏ってしまい、連作障害がひどく農薬に頼らざるを得ない状況でした。

どこに何をつくってもうまく育たない。そんなときに子どもが生まれ、このままでは家族に自信をもって野菜を食べてもらうことができないと一念発起。まずは土づくりから見直そうと一から学び直しました。子どもが生まれた10年ほど前から少しずつ有機栽培へ移行し、いまでは化学肥料・化学農薬を使用しない循環型農業に取り組んでいます。

筆者と妻の真由美（編）

海外の書物を読んで不耕起に挑戦

野菜づくりは土づくりが大切といいますが、本当にその通りだと思います。よい土とは「化学性・物理性・生

6月の大雨で水没した耕耘している畑。ゴマは7割が発芽不良。ナスは一時的に生育不良だったが、その後持ち直す。隣の畑のジャガイモは5割腐敗した

物性」の整った土であることを学び、まずそのなかでも生物性に着目し、土壌に有用な微生物を殖やすための努力を重ねました。その取り組みの一つが不耕起栽培です。

きっかけはデイビッド・モントゴメリーの著書『土・牛・微生物』を読み、不耕起栽培に興味をもったことにあります。そこで目に留まったのは、畑を耕さずに酪農を組み合わせ、牧草・野菜や穀物を1年ごとに圃場を替えて育てる輪作の方法でした。しかし酪農地帯ではない宮代町でそのまま実践するのは現実的でなかったため、地域の風土に合わせ独自にアレンジして取り入れています。

廃棄物で有機物マルチ

蛭田農園の不耕起栽培は単純に耕さないだけでなく、草を生えにくくするため有機物で土壌を厚く覆っています。地球環境にとって耕されて地表面が露出した裸地の状態は不自然であり、耕した土壌には速やかに草が生えてきてしまいます。有機物で覆うことで草がまったく生えてこないわけではありませんが、雑草に栽培物が負けるようなこともありません。

土壌を覆う有機物マルチの一つがモミガラです。稲作地帯のため、イネ刈りの時期になると大量に出てくる産業廃棄物です。ほかにも町のイベントで使用した竹や近隣の家庭から出たせん定枝、大工さんからもらうカンナクズなど、地域で燃えるゴミとして処分される物も資源として利用しています。

土壌を覆うのはおもにモミガラですが、非常に軽く風で飛ばされやすいため、3方向がハウスや塀などで囲われている約3aの畑を2カ所、合計6aほどを不耕起にし、毎年その2枚の畑にはメイン作物としてナス科とウリ科の植物を交互に栽培しています。地表を有機物で厚く覆うため、ジャガイモなど土寄せが必要なものは不耕起に向きません。また草も発芽しにくいため、葉物野菜などのタネから育てる作物は栽培が難しいのが現状です。

至るところで土着菌の塊

わずかな面積ですが、不耕起栽培を始めて5年が経ち、着実な変化が見られます。至るところで有機物に絡まる菌糸や長く伸びた糸状菌が存在し、大きな土着菌の塊（ハンペン）を見つけたときは感動的でした。耕さず有機物

で覆うことで微生物が殖え、免疫力の高い作物が育ち、病害虫に強くなってきていると感じています。

不耕起の畑では栽培後の片付けも比較的簡単で、ナス科の植物は地上部をせん定バサミで軽く刈り込むだけ、ウリ科の植物はほぼ何もしません。その残渣がまた有機物マルチになるからです。

森林や野原では誰も耕さず肥料もやらず、タネも播かずとも植物が毎年同じように生え、連作障害もありません。人の手が加えられていないことで健全な土壌環境が形成されているのです。

耕さないことで本来土壌がもっている構造を壊さず、豪雨や干ばつに強くなる。有機物で覆われた土壌は様々な微生物の働きにより、肥料をやらなくとも作物が健全に育ち、病害虫の影響を受けにくい。まさに気候変動や肥料高騰に対応できる栽培法ではないでしょうか。

「地球に棲むすべての生物は死んでも誰かの役に立ち、循環のなかで生きている。それなのに人間が利用している化学物質は分解されず地球に蓄積されていく」。そんな状況が少しでも改善されるよう循環型農業に取り組んでいます。

地球沸騰化時代、より自然環境に近い森の中にあるような微生物に守られた土をつくることが、農業を続けていくカギになってくるのではないかと思います。

イベント用に不耕起畑に栽培したポップコーン用のトウモロコシ（セル苗定植）。無かん水で粒張りよく育った

モミガラを厚く敷いたウネに出現したハンペンの塊を割ったところ

私の栽培メモ

- 春に5㎝ほどの厚さでモミガラを敷く
- せん定枝やカンナクズ、作物残渣も随時補充
- 糸状菌がウネを覆い、土中の微生物や作物の根と共生

線状降水帯でも被害なし

刈り草と菌よ、ありがとう

佐賀県伊万里市●畠山義博

果樹園では刈り草を厚く敷いてマルチにする

勤めを終えて約14年、水稲、自家用の野菜、ミカン、ウメ、お茶、原木シイタケを栽培しています。父が74歳で他界し、ちょうど同じ年になったなあと思っています。

振り返ると、父は浪曲師（天中軒雲丸）として活動していましたが、兄弟の戦死で、その後慣れない農業をして家を守っていました。まったくの素人で、研究しながら野菜や果物、イネなどを栽培していたのです。私は非常に身体が弱かったので、親としてはいい食べもので健康になってほしいと考えてのことだったのでしょう。そういう思いを子ども心に感じていました。

大量の刈り草で土がフカフカ

2023年7月、私の地区では線状降水帯が発生し、近年にない大変な豪雨となりました。水田は海になり、山も畑もどうしていいかわからない状態。テレビでも放送されましたが、隣の市では、ものすごい被害でした。自分の私道も水害にあい、重機を入れないと復旧できず、その作業はいまだに終わっていません。いっぽう、私の果樹園や野菜畑はたいした被害はなく、大雨が去ったあとでも中に入ることができました。

2年半ほど前、河川敷の刈り草を3000ロールあまり（1ロール100

山積みにした刈り草と筆者（編）

kg以上）もらったので、一部をそのままウメ園に厚さ20cmほど敷き詰めました。1年くらいは草が生えません。２年もすると、刈り草は完全に「土化」して跡形もなくなり、地面はフカフカです。

刈り草を敷いたところからはキノコが出てきます。豪雨のとき、水がたまらずに引いたことを考えると、糸状菌が活動して、土が団粒構造になっていたのだと思います。

ウメ園では化学肥料も農薬も使いません。そうしてできたウメで梅肉エキスや梅干しをつくっています（『現代農業』２０２３年７月号218ページ）。

レモンやミカンの畑もたくさん敷き草をしています。レモンは『現代農業』に寒さ、風、乾燥、かいよう病の４大弱点が書いてありましたが（２０２３年11月号38ページ）、特段手入れもせずに毎年収穫できています。ミカンは多少の虫は来ますが、無肥料・無農薬で元気に育っています。

刈り草は、河川敷の草刈りをする業者がロール状にして持ってきてくれる（編）

積んでいた刈り草を崩すと、糸状菌の菌糸で白くなっていた（編）

発酵中の刈り草の中にはカブトムシの幼虫がいっぱい（編）

菌の働きを実感

もらった刈り草はカヤなどの硬い草もたくさん混ざっています。野菜畑で堆肥として使うには、２年ほど経ってからがいいようです。その頃にはかさが半分以下になっています。

積んでいて、ある程度分解が進んだ刈り草の中には、カブトムシの幼虫がたくさん棲んでいます。栄養満点の状態だからでしょう。

真っ白くなっていて、糸状菌もいっぱい。畑に混ぜ込んでしばらくするとキノコが発生しました。これらの菌の働きで団粒構造が発達し、畑の水はけがよくなったと思います。ウネを立てる必要もありません。肥料分の流出も少ないと思います。

23年も刈り草を２０００ロールあまりもらって保管しています。何カ月も経っていないのに、熱を持ち、湯気が

刈り草で土がフカフカになった（編）

出ています。なにか発酵しているようなにおいです。そのにおいを嗅ぐと、元気をもらったような気になります。

害虫も少ない

野菜畑では、播種や定植の前に刈り草堆肥と汚泥肥料を少しずつパラパラとまきます。あとは表層を鍬で軽く混ぜる程度で、ほとんど耕しません。

22年の秋頃、キャベツを栽培したときのこと。普通だったら葉が虫にやられて網目状になるところ、そんなことはなく、被害が減りました。食べてみると、とてもおいしかったです。

刈り草を入れた畑からキノコが生えてきた

ダイコンもダイコンおろしにすると、まったく辛くありません。これは、刈り草堆肥で土がフカフカになり、ストレスなく生長できたためだと思います。虫の害もないので、次は間引きしなくていいように、播種量を減らし、タネ代を節約するつもりです。

刈り草堆肥を入れたところと入れていないところに、キュウリの苗を1本ずつ定植。入れたほうは虫があまり見られず、入れていないほうは虫がいっぱいついていました。どの野菜も多少の虫は来るものの、元気に生長しています。こんなに虫の害を心配しなかったことはありません。

知人に私が育てた野菜を差し上げると、とてもおいしいし、日持ちするといってもらえます。

変革の時代

私は何十年も無農薬栽培を続けてきましたが、化学肥料だけは普通に使っていました。しかし、世の中は異常気象、コロナ、戦争……。最近は特に健康のことや肥料のことを気にかけるようになってきました。化学肥料はものすごく高騰。農薬も値上がり。変革の時代です。チャンス到来だと思います。

そんななか、刈り草と出会って、土の変化にたいへん驚いています。まだまだいろんな変化に気づくと思います。それが楽しみです。

地下の目に見えない世界では、虫や菌たちがそれぞれの立場で一生懸命がんばっています。その活動のなかで育ったものを私たち人間が食べて、命をつないでいます。地中の生物の働きに応えるためにも、土づくりが必要です。これからも化学肥料を使わず、耕さない農業を続けていこうと思います。

掲載記事初出一覧（すべて月刊『現代農業』より）

世界で日本で「耕さない農業」

世界で広がる「耕さない農業」………… 2023年1月号
ローラークリンパーで倒して敷き草に　2023年5月号
草って邪魔なの？ ……………………… 2024年3月号
バケットでライムギ倒し成功！ ……… 2023年5月号

第1章　「耕さない農業」最前線

草や緑肥を活かす

こぼれダネのイタリアンが光を受け止め、土を耕す
……………………………………… 2023年10月号
大地再生農業で育てるダイズ ……… 2023年10月号
大規模慣行農業でミックス緑肥と省耕起から
始めてみた ………………………… 2023年10月号

ミミズや微生物が活きる

裸の土はかわいそう ………………… 2023年10月号
90歳、耕さない農業に目覚める …… 2023年10月号
耕さない菜園は春作業が爆早 ……… 2023年10月号
物価高騰にも異常気象にもビクともしない
………………………………………… 2023年1月号
耕さないノー・ディグ農法 ………… 2024年5月号
ノー・ディグ農法やってみた ……… 2024年5月号

「耕さない農業」のいま、これから

「耕さない」農法の可能性 ………… 2023年10月号

第2章　草は刈らずに倒す

【図解】刈らずに倒すとなにがいい？ … 2023年5月号
ドラム缶クリンパー …………………… 2023年5月号
ローラークリンパーを自作してみた … 2023年1月号
パレットでイタリアンを押し倒し … 2023年10月号
分厚いライムギマルチ、成功のポイントが見えた！
……………………………………… 2023年10月号
フットクリンパー ……………………… 2023年5月号
リボーンローラー ……………………… 2023年5月号

第3章　「耕さない農業」ここが知りたい！

ホントにできるの？　気になる不耕起Q&A
……………………………………… 2023年1月号
耕さない農業で経営できる？　土はホントによくなる？
……………………………………… 2023年10月号
【図解】炭素貯留のしくみ ……………… 2023年1月号
不耕起＆緑肥の地球温暖化防止力 … 2022年10月号

第4章　異常気象にも強い

大地再生農業の土を見た ……………… 2024年1月号
地球沸騰化時代に 堂々不耕起宣言…… 2024年1月号
サトイモのイモ数2倍！ ……………… 2024年1月号
草と寒冷紗のWマルチ ………………… 2024年1月号
土着菌のハンペンが広がる不耕起畑 … 2024年1月号
刈り草と菌よ、ありがとう …………… 2024年1月号

※執筆者・取材対象者の年齢、所属、記事内容等は記事掲載時のものです。

※執筆者・取材対象者の住所・姓名・所属先・年齢等は記事掲載時のものです。

撮　影
赤松富仁
佐藤敏光
下段丞治
田中康弘
湯山 繁
依田賢吾

本文イラスト
アルファ・デザイン

本文デザイン
川又美智子

農家が教える
耕さない農業
草・ミミズ・微生物が土を育てる

2024年11月10日　第1刷発行
2025年 7 月 5 日　第3刷発行

農文協 編

発行所　一般社団法人　農山漁村文化協会
郵便番号 335-0022 埼玉県戸田市上戸田 2 丁目 2-2
電話　048(233)9351(営業)　048(233)9355(編集)
FAX　048(299)2812　振替　00120-3-144478
URL　https://www.ruralnet.or.jp/

ISBN978-4-540-24157-4　DTP制作／農文協プロダクション
〈検印廃止〉　印刷・製本／TOPPANクロレ㈱